珍藏本·增订本

纪念版

汉译世界学术名著丛书

道德政治

——或建立在道德基础上的国家治理

〔法〕霍尔巴赫　著

狄玉明　译

商务印书馆

SINCE 1897

The Commercial Press

Holbach

ETHOCRATIE

ou le gouvernement fondé sur la morale

本书根据 Editions d'Histoire Sociale 出版社 1967 年版译出

汉译世界学术名著丛书
（120年纪念版·珍藏本）
增订本出版说明

2017年10月，为纪念商务印书馆创立120周年，本馆推出“汉译世界学术名著丛书”（120年纪念版·珍藏本），计七百种。近五六年来，仰赖学界同人倾力支持，订正旧译，增补新译，拓展新著，积累日多。为满足读者需要，本馆在七百种的基础上，继续推出“汉译世界学术名著丛书”（120年纪念版·珍藏本·增订本）三百种。至此，“汉译世界学术名著丛书”累计出版已达千种。

今后，本馆将继续推进丛书的翻译出版工作，在积累单本名著的基础上陆续分辑刊行，汇印出版。为促进中外文明互鉴、推动我国学术发展，使“汉译世界学术名著丛书”这项对我国学术文化有基本建设意义的重大工程发挥更大作用，诚望海内外学术界、翻译界继续给予支持，帮助我们把这套丛书出得更好。

商务印书馆编辑部

2024年2月

汉译世界学术名著丛书
（120 年纪念版·珍藏本）
出 版 说 明

2017 年 2 月 11 日，商务印书馆迎来 120 岁的生日。120 年前，商务印书馆前贤怀揣文化救国的理想，抱持“昌明教育，开启民智”的使命，立足本土，放眼寰宇，以出版为津梁，沟通中西，为中国、为世界提供最富智慧的思想文化成果。无论世事白云苍狗，潮流左右激荡，甚至战火硝烟弥漫，始终践行学术报国之志，无改初心。

逐译世界各国学术名著，即其一端。早在 20 世纪初年便出版《原富》《天演论》等影响至今的代表性著作，1950 年代后更致力于外国哲学和社会科学经典的译介，及至 1980 年代，辑为“汉译世界学术名著丛书”，汇涓为流，蔚为大观。丛书自 1981 年开始出版，历时三十余年，迄今已推出七百种，是我国现代出版史上规模最大、最为重要的学术翻译工程。

丛书所选之书，立场观点不囿于一派，学科领域不限于一门，皆为文明开启以来，各时代、各国家、各民族的思想与文化精粹，代表着人类已经到达过的精神境界。丛书系统译介世界学术经典，引领时代思想，为本土原创学术的发展提供丰富的文化滋养，为推动中国现代学术和现代化进程做出了突出的贡献。

为纪念商务印书馆成立120周年，我们整体推出“汉译世界学术名著丛书”120年纪念版的珍藏本，寄望既利于文化积累，又便于研读查考，同时向长期支持丛书出版的译者、编者和读者致以敬意。

两甲子后的今天，商务印书馆又站在了一个新的历史时间节点上。我们不仅要铭记先辈的身影和足迹，更须让我们的步伐充满新的时代精神。这是商务人代代相传的事业，更是与国家和民族的命运始终紧密相连的事业。我们责无旁贷，必须做好我们这代人的传承与创造，让我们的努力和成果不仅凝聚成民族文化的记忆，还能成为后来人可以接续的事业。唯此，才能不负前贤，无愧来者。

商务印书馆编辑部

2017年10月

献给
法兰西和纳瓦拉[①]国王
路易十六

尊为正义、人道、仁慈的君主，您崇尚真理、道德和俭朴，反对谄媚、淫佚、奢华和专横；您是秩序和风尚之复兴者，是臣民之父，穷人之庇护者；您的统治令坏人胆寒，让好人有了希望，给真正的公民带来慰藉：一位忠实、热诚、恭敬的公民，忠心赤胆，竭诚为您效力，向愿闻其详的君主敬献真言。

Ego verum dicere assuevi, et tu libenter audire.

我习惯讲真话，所以你愿意听。

Plin. Lib. VII. Epift. 9.

---

① 纳瓦拉王国（西班牙语：Reino de Navarra；法语：Royaume de Navarre），位于法国西南部和西班牙北部。原名潘普洛纳王国，是一个控制比利牛斯山脉大西洋沿岸土地的欧洲王国。纳瓦拉王国成立时，当地的巴斯克地区领导人伊尼戈阿里斯塔加冕为潘普洛纳国王，并领导了反抗法兰克区域政权的斗争。南部的王国在1513年被卡斯蒂利亚征服，从而成为西班牙统一王国的一部分。北部部分保持独立的王国，但它在1589年与法国亨利四世联盟，被并入法国。——译者

目　　录

绪 言

位于本书卷首的书名显示：它由两个希腊词 ΕΘΟΣ（社会道德）和 KRATOΣ（权力、统治权、政府、政体）组成。使用这样一个组合词，我以为能够表示道德与政治相结合的一种尝试、一种设想。根据道德的立法思想既惠及君王，也惠及臣民；既惠及国家，也惠及家庭和每个公民。我自以为这种尝试没有提出任何空想的东西，或对于一个诚心愿意造福于自己人民的立法者来说难以实施的东西：当今仁慈而公正的君主，就是这样的立法者，他给法国人带来希望和慰藉。

那些丧失了勇气的人们认为任何一项改革都是不可能的，无奈之下，对拯救共和国的命运不抱希望。我要告诉他们，国王以其坚定不移的意志，在全力以赴恢复秩序以及臣民的幸福，另有经验丰富、廉洁奉公、德高望重的大臣们的辅佐，一切都有可能实现：在他们的治理下，国家也许有希望医治创伤，恢复活力，逐渐享有强健的体魄。塞内加[①]说，只有庸医才会放弃医治病人的希

① 塞内加（Lucius Annaeus Seneca，约公元前 4—公元 65），古罗马哲学家、政治家、悲剧家，公元一世纪罗马学术界的领袖人物。生于罗马帝国行省西班牙，早年在罗马受过很好的修辞学训练，擅长演说，对哲学、宗教、伦理道德和自然科学都有研究和著作，是古罗马多葛派的代表人物之一。公元 65 年，由于政敌指控他参与皮索阴谋而被勒令自尽。传世作品有:《论天命》《论智者不惑》《论忿怒》《论悠闲》《论宽恕》《论道德》等。——译者

望。[1]国家和个人本同一理，只有命运愿意赐予它有利的时机，并使它至少能够利用这种时机，才有希望有持久的幸福。

马基雅维利并不是像人们通常那样自荐向君主提出合理的建议，不过他认识到“每个君王，或每个大臣，若要追求不朽的名声，就应该选择一个腐败和衰落的国家作为他荣耀的舞台，使他有幸成为这个国家的复兴者。”

实行独裁政治和破坏一个国家，既不需要才能，也不需要学识；只需要权力和恶（méchanceté）：但是，要理智地治理一个腐败的国家，消除其混乱和堕落，则需要持续长久的工作，需要智慧、决心和君王少有的品德。对于好人，无需那么多的法律；但对于坏人，则需要不断增加严厉的法律，尽管这样，也难以对他们加以制约。让一个纯朴的民族接纳合理的法律是一件很容易的事情，因为他们没有偏见，没有人们通常所看到的文明国家根深蒂固的堕落。我们看到，文明国家许多国民愚昧无知，骄傲自大，腐化堕落，他们习惯把自己最有害的恶习视为神圣的东西，把自己的偏见视为毋庸置疑的真理，把自己的错误意见视为正确无误的箴言，把自己的个人利益视为国家的整体利益，把自己的不公正视为不可侵犯的权利：对于一个勇敢的、珍视荣誉的君主来说，若欲名垂青史，必须医治这些顽疾。

显然，独裁与专制政体是由人的恶所造成的。对奴隶必须以暴制服和加以限制，这没有道理和风俗可言，因为只有让他们心生惧怕才能制止他们放纵。诚实善良的公民才有仁慈善良的君主，腐败

① Mali medict est desperare ne cures.

的国家只能有专制的君主；腐败的国家既不可能有自由，因为它们只会践踏自由，进而迅速失去自由；它们也不可能有繁荣，因为繁荣永远不可能与放荡、不公正、不良习俗并存。

另外，每一位力图成为其臣民的带路人、领袖和慈父般的君主，都唯恐落下独裁和暴君的恶名，引起人民的憎恶，成为公众惧怕的对象，被认为是一个靠不住的可怕的掌权人。因此，他本人若正直善良，也希望统帅与他相似的人、有理性的公民、温顺而真正拥戴他的臣民。为了达到这样一个既符合民族意志，又合乎领导者愿望的目的，立法者要结合人们的弱点，努力进行启发和教育，以温和的手段引导人们走向他们不知道的理性；时而以种种回报使他们感受到社会生活中美好的品德带来的好处；时而通过合法使用自己的权力，使那些拒绝接受自己善意训诫的人心生惧怕……昏庸无能的君主都普遍滥用绝对的权力，但在公正无私的君主手中，绝对的权力则成为摧毁邪恶的力量和阴谋所必需的武器。要改革一个长期腐化堕落的国家，需要有持之以恒的决心和无所畏惧的勇气，这样的品质要比热衷于兵戎相见更可贵，更令人敬佩；用适当的法律来统治有德行的民族，对于国王来说是再荣耀不过的事情。这样，君主的权力和臣民的福祉才能建立在无可动摇的基础之上。

第一章　论道德与政治的结合 1

大人物苏利[①]说过，良好的风尚和良好的法律是相互形成的。君主和臣民从来就面对不同的危险，政治不能脱离道德，一刻都不能失去与道德的联系。国家无论采取什么样的政体，握有公共权力的人们都同时也承担着带领国家走向幸福的义务。但是，幸福不能与淫佚或堕落并存，它只存在于人们对社会生活责任的履行、对司法准则的严格遵守和对道德的尊重之中。西塞罗说：“法律是公正合
理的，它既规范正派人的行为，又禁止不正派人的行为。”[②] 2

因此，立法者在全部法律体制中，君主在其法令和法规中，都只能是正义的代言者和道德意志的忠实表达者。一切都说明，如果君主和臣民的利益划分不可避免地造成常见的政治与道德的分离，那么，由长期不变的经验所引导的理性则会最终把它们联系在一起。这样，国家的领导者就与他们所统治的人民成为一体，从而极力鼓励或强迫公民根据自己的才能共同致力于普遍利益。

只有政治与道德的理想结合才能进行风俗的改良，缺乏权威的

① 苏利（Sully，Maximilien de Bethune，1559–1641），法国政治家，法国国王亨利四世信赖的大臣，对宗教战争后法国的复兴做出巨大贡献。著有《回忆录》（1638）。——译者

② Refta ratio, imperans honesta, & prohibens contraria. V. CIC. Phlippic. II.

哲学思潮是徒劳无益的。无效的理性劝告永远都是令人不快的，对于那些怙恶不悛、腐化堕落、放荡不羁的家伙来说，实际能奈他们何？对于根深蒂固的偏见、狂热的欲望和习惯养成的恶习，徒劳的告诫又能奈它们何？一位具有真知灼见的法官说：“现实生活中由合法的权力机构所公布的道德规范应该通过法律的形式固定下来。”①

3 亚里士多德早已发现，没有法律的援助，道德是不可能有效力的；单凭言说并不足以改良风俗，他说：“人们服从必然性远远超过服从话语，服从处罚远远超过服从劝诫。只有法律才具有约束力。人们讨厌那些违背意愿而行事的人，但并不憎恶法律。”

在这位哲人看来，“要想有效地改良风俗，立法者自身必须具有德性，而且要接受良好的道德责任教育。缺少了道德，没有哪一种法律能够合乎理性。”“简言之，服从理性的生活，就是依照法律来生活。”②

当人们考虑那些生来就是帝国的统治者普遍接受的不良的教
育，使他们忘乎所以的阿谀奉承，使他们深受其害的堕落的傲慢准
4 则，以及宫廷里呼吸的恶臭空气的时候，就倾向于认为最高权力几
乎不可能有统一的正义和仁慈。当人们看到各种欲望使国家动荡不安，国家的领导者每时每刻都在为了利益而钩心斗角，很少有诚意履行自己签署的协定从而导致残酷而无休止的战争的时候，就会认为道德与国家没有共同的利益，甚至会直接损害国家的利益。最后，当人们目睹一大堆过去所犯的错误，造成不良影响的荒唐事

① 见《吉东·德·莫尔沃讲演录》(*Discours de M. Guiton de Morveau*)，第1卷，第32页。

② 见亚里士多德《尼各马可伦理学》(*Ethic. ad Nicomackum*)，Lib. X. cap. 9。

件，使公民四分五裂的相互矛盾的偏见和人们以为与环境有关的种种恶习的时候，自然会想到，宣传理性、真理和道德绝不是一件荒谬的事情，因为只有理性、真理和道德才能使人们幸福和融入社会。“决定社会风尚的不是环境，而是法律。”①

许多人由于悲观失望而做出误判，以为国家已经病入膏肓，完全没有了希望，只能听任悲惨命运的摆布，若欲医治，那是愚蠢、
狂妄和鲁莽之举。基于这样的观点，人们普遍认为，道德哲学家是 5
空幻的演说家、滑稽的热心人和经验主义者，甚至常常认为他们是危险的公民，因为他们的原则会徒劳无益地扰乱这个长期以来习惯于默默忍受苦难的社会。至于那些没有受到人们如此严厉对待的政治改革家，则被认为是善良的空想家，因为他们的思想只适合于柏拉图的理想国和空想的乌托邦。有个人说得很有道理，他说：“疯人接受贤哲的意见与贤哲接受疯人的意见是完全一样的。”②

在一个浮躁或邪恶的世界里，最有用的真理也不会受到多大的欢迎，但这并不应该使那些对公共利益满腔热情的公民丧失信心。塞内加说过：“时间很有学问，因为它能发现一切。”人类重要的真理是永远不会消失的；当代人常常认为它们是无用的东西，但实际上它们会造福于子孙后代。后人总是比自己的祖先较为公正，较少
有偏见，而且总是享受祖先们曾极不看重的利益，如果贤达因遭自 6

① 见《吉东·德·莫尔沃讲演录》(*Discours de M. Guiton de Morveau*)，第1卷，第65页。

② 我们知道，神父圣皮埃尔（Abbé de Saint-Pierre，1658–1743）的思想现在被普遍认为是非常正确的、有用的，但在很长一个时期却被认为是荒唐的，枢机主教迪布瓦（Cardinal du Bois）称之为“一个善良人的梦幻”（rêves d'un homme de bien）。

己同时代人的批驳和不公正对待而对后人不做任何思想传播的话，那么，人类的智慧现在不知会是怎样一种状态呢！

摆在我们眼前的例子不正是一些证明我们不应该对人类失去信心的事实吗？难道一个热爱正义和秩序的君王不能很快成为伟大帝国的复兴者吗？[1] 智慧和公正加以强大的权力，一定能够在短时间内改变国家的面貌。只要愿意，绝对权力对于消灭陋习、消除不公、纠正恶习和改良风俗是非常有效的。如果能够保证像提图斯[2]、图拉真[3]、安东尼[4]那样的皇帝来实行专制的话，专制政体是最好的政府：可惜它往往落入一些没有能力像他们那样智慧地来运用它的人手中。

7 在这些令人欣慰的思想的支持下，一个希望祖国国泰民安的公民因而大胆地把自己的思考结果公开讲述出来。愿理性不再悲观，鼓起勇气让理智的人们听到它的声音。愿永远温和宁静的道德不要放弃它对社会人的权利。真理、正义和美德并不是生来让人类永远

---

① 路易十六（今天执政法国）执政初期似乎预示着这个由于遭受两次长期灾难性统治而元气大伤的王国有可能恢复已经完全失去希望的幸福。法兰西民族有权利期待一位仁慈善良、主张正义、热爱和平、鄙视奢华并由知识渊博、德高望重的众臣辅佐的君王，但走到这一步并不是什么令人高兴的事情。

② 提图斯（Titus，39–81），罗马皇帝（79–81 年在位），公元 70 年耶路撒冷的征服者。公元 79 年其父苇斯巴芗去世后继承皇位。他短暂的统治在罗马深得人心。——译者

③ 图拉真（Trajan，53–117），罗马皇帝（98–117 年在位），他把罗马帝国的东部边界扩展到达契亚、阿拉比亚、亚美尼亚、美索不达米亚；他实施巨大的建筑计划并扩大社会福利，对罗马民众十分仁厚和关心。——译者

④ 安东尼（Antonin，86–161），罗马皇帝（138–161 年在位）。安东尼王朝时期是罗马和平、繁荣的伟大时期，帝国各处洋溢着民族和解、国家一统的气氛。——译者

讨厌的，如果没有它们的帮助，人类的协作就不可能存在下去。

道德只会使亚里士多德所说的违背人们的意愿，强制人们服从的暴政感到害怕。多疑的暴君只是通过暴力来统治奴隶，对他来说，分化和堕落是大好的事情：他讨厌总是逆他的罪恶兴致的德行：他不敢正视善良而聪明的公民，他惧怕他们的眼睛，因为他们有高尚的灵魂，不会顺从他的意图。简而言之，暴君愿意破坏一切正义和准则，因为它们时刻都在谴责其失去理智的行为。

没有什么比道德与暴政更加对立的东西了。美德使人们的利益
联系起来，暴政则极力分化人们的利益，目的在于最终让人们逐步 8
地相互毁掉他们的利益；美德培养人的心志，暴政则使人意志消沉；
美德使国家繁荣富强，兴旺发达，暴政则破坏国家的富强，乐于看
到国家的衰败；好的法律给国家带来安全，暴政则排斥任何妨碍自
己的东西。公正、和谐、友善、人道、怜悯和良好的风尚构建起社
会生活和私生活的关系，但它们使建立在残忍、堕落和破坏一切利
益基础之上的政体感到不安。

如果说良好的道德风尚与坏的政府水火不容的话，那它却是理
性政府的基础。君主认识到，一个理性的政府有责任把他和他的人
民联系起来，这种责任是他们相互安全的保证。他重视、鼓励和奖
励德才兼备的人，因为他认为他们既是国家利益所需，也是他自身
荣耀所需，他们能够对普遍的幸福做出贡献，这是他自身强大和幸
福的依托。他关心个人、家庭和团体的和谐与幸福，因为他并不害
怕他们团结起来；他认为，他们的团结有助于他自身的安全。他乐 9
于享受每一位公民的美德，因为，如亚里士多德所观察到的，正直
的人所具有的品质和美德也是好的公民所应该具备的。正是出于这

样一种思想，毕达哥拉斯劝诫那些行政管理者要以领导国家政府的方式来领导他们的家族。

因此，只有正派的政府才能够统领善良的公民。只有在理性和正义指引下的立法者才能培养出自己的政务合作者。君主若欲统治具有美德的臣民，那他自身必须是正义的和善良的。克劳狄安[1]说："君王的品行是一种训示，要比他的一切敕令都更令人信服，更具有力量。"

① 克劳狄安（Claudien，约370－约404），拉丁语诗人，是古典传统的最后一位重要诗人。——译者

第二章　论良政的基本法则 10

我把一个国家的起始法则称为基本法则，是因为起始法则决定了各个民族采取什么样的政体形式。有些民族愿意由一个人来统治他们，因此建立了**君主政体**；有些民族认为应该把他们的政府交给高贵的公民来管理，于是建立了**贵族政体**；有些民族愿意自治，或者至少愿意在一个时期接受他们委托管理政府的公民所做的选择，于是建立了**民主政体**；还有一些民族认为应该综合采用上述管理方式，于是产生了复合型（mixte）或混合型（mélangé）政体。

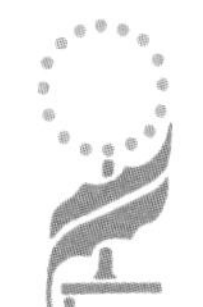

无论哪一种政体，既然它管理社会是以创造社会福祉为宗旨， 11
那它就必须始终以道德为基础；如果它背离了作为君主和臣民行为指南的道德原则，那它就不可能没有危险。君主一旦离开了正义和道德，他就成为僭权者；他就不再有统治力，不再有影响力，不再有合法的权力，因为权力只有建立在造福于人民的基础之上才是正当的。

就**贵族政体**而言，一些公民被选来管理人民，如果他们忘记了何为道德，为了自己的野心、嫉妒和家庭利益而牺牲公共利益，那么，他们就是一群渎职者。他们掌权就成为明显的窃权，他们的统治就变成了暴政。

在**民主政体**下，如果人民乱用自己手中葆有的权力，盲目地沉溺于狂热激情之中，妒贤嫉能，对于忠诚为他们服务的善良的人忘恩负义，摒弃或败坏高尚的道德，践踏神圣的**道德**准则，那么，**民主政体**就蜕变为自掘坟墓的专制政体。权力失去了正义，对于国家和每一个公民来说都暗藏着危险。

12 简而言之，世界编年史的每一篇章都在告诉我们，王位、帝国、民族以及政府之所以消亡，都是因为它们违背了永远神圣的道德职责。世界历史向我们证明，一些君主和民族的不道德行为与欲望是社会衰败的真正原因，只有良好的品德才能使社会得以维持并享有幸福。公正、善良、全民利益与领导者利益相结合是保卫国家、使之稳定发展和抵抗命运打击的唯一办法。

因此，当著名的《论法的精神》的作者说“荣誉是**君主政体**的动力，品德是**共和政体**的动力”的时候，我不能接受他这个原则。因为，如果没有良好的品德，既不可能有真正的荣誉和荣耀，也不可能有任何一个民族的永久幸福；一个知识渊博的哲学家怎么能够把**荣誉**和**品德**分离开呢？把品德摆在**共和政体**里，不就是设想它不能存在于**君主政体**里，把它从君主的身上移除掉吗？难道孟德斯鸠
13 和亚里士多德一样，认为他那个时代不存在真正的君主，只存在僭主吗？[①]总而言之，这位超凡的、受到人类理性如此感戴的作者，难道他认为君主政体下的臣民不大看重品德，只能被幼稚的虚荣心和毫无价值的荣誉称号所感动吗？这不是对他们的侮辱吗？

摒弃那些让人不快而缺少依据的假定：我们要相信，尽管美德完全不能与以恐吓为手段的专制政体和只是一个人掠夺众人的暴政

① 见亚里士多德《政治学》(*Politic*)，第5卷，第10章。

并存，但道德和美德却完全与恰当地建立起来的**君主政体**相符，在这种政体下，它们会给君主和臣民带来福祉。在任何一个符合理性的政体下，荣誉和美德都应该是不可分离的，绝对不存在可以不要道德的帝王或民族，因为没有哪一种好的法则的形成不是以道德为主导的。

在所有政体中，基本法则或起始法则都是不完善和有缺陷的，也因得不到充分理解而被滥用。之所以如此，是因为在政体的形成
中，情感往往比理性发挥了更重要的作用；因为许多统治是建立在 14
欺骗或武力的基础之上；因为无知、轻率、盲从和惰性使人们接受了往往是有害的各种准则、习俗和规矩，而人民由于受习惯的束缚或武力的控制又不会加以反抗；因为虽然人们已经对真正的道德原则做过很多论述，但它们依然不被大多数人所认知，他们很难区分公正与不公正、好与坏、诚实善良与耻辱或犯罪。总之，之所以有那么多君主滥用他们手中的权力，是因为他们并不知道自己尽情享受幸福的行为永远与其人民的幸福联系在一起；因为国家的领导者们并没有觉得他们应该按照规定获取自身的利益，克制自己的欲望，幸运地避免既害己又妨碍臣民幸福的事情。一切权力，只有节制才能有保障。①

所有的君主都是正常的人，他们和普通公民一样受到欲望的驱 15

① Ea demum tuta est potentia, qua viribus suis modum imponit. 见小普林尼：《颂词与信札》（*Panégyric*）。西塞罗认为，罗马人所践行的是：他们劝人节制，是为了让罗马共和国更强大（firmior ut esset, moderatiorem instituerunt）。达尔让松侯爵（Feu M. le Marquis d'Argenson）曾写过一本书，书名为《合理管理，不要过分管理》（*Bien gouverner, pas trop gouverner*）。

使。普通公民由于畏惧法律而不得不受制于法律；君主则不同，他们手中有强大的权力，认为自己无所畏惧，但这种思想欺骗了他们；他们应当惧怕臣民仇恨、社会骚乱、王位倾覆、受压迫穷人的不满、以及他们在奴仆心里培养出的恶。为了避免凡坏的君王都会面临的这些灾难，君主会提防自己的欲望，生活在忐忑不安之中；他不会因为自己无限的权力而引起人们的嫉妒；他会牺牲一部分权力，以保安全地享用本该留给自己的那部分权力；简而言之，他会谨慎行事，以免伤害到他的人民，因为人民的幸福也永远是他的幸福。蒂托-李维[①]说："最稳固的帝国是人们乐意服从的帝国。"[②]

好的君主不只是为臣民今天的幸福而努力，还应该保证他们
16 将来也能享有幸福：他看重真正的荣誉，希望死后为子孙后代所怀念，甚至在墓穴里仍然统治他们的心灵；他知道最贤明的君主也可能被荒唐的暴君所取代，因此，他会通过与国家宪法相关的法律来约束子孙后代，让他们知道，恶意触犯或破坏法律不可能没有危险。

对一个伟大的帝国政府的管理是多方面的，君王不可能顾及国家的每个方面，不可能知晓每个公民的需求、疾苦、处境和心愿。因此，为了防止身边朝臣们的谎言与谀辞，使君主能够直接听到公民自由表达的声音，基本法则必须规定常设一个代表团，代表从最正直、最有教养和最关心公众利益的公民中选拔，负责陈说与他们

① 蒂托·李维（Titus Livius，公元前59–公元17），古罗马著名的历史学家。他写过多部哲学和诗歌著作，最出名的是他的巨著《罗马史》（*Ab urbe condita libri*，意为"从罗马建城开始"）。——译者

② Certè id firmissimum longè imperium est, quo obedientes gaudent. 见李维《罗马史》，第八卷。

及其同胞的共同利益相关的问题。

为了防止代表的不忠实行为，基本法则必须制止在动乱当中通
过拉选票、搞阴谋诡计和收买的方式进行选举。任何人被证实是通 17
过这些卑鄙途径获得职位，都应该被永远免除其陈说地方利益问题
的权利。为了使选举不受到干扰，投票可能是最可靠的办法。

基本法则应该赋予代表以不等君主召集而自行召开会议的永久权利，因为大臣和谄媚者往往会使君主听不到来自人民的最正当、最急迫的呼声。

任何一项法律的制定、讨论、修改和废止，都只能在国民代表大会上进行。这样，全体国民共同参与决定他们应该遵守的规章制度，他们应该缴纳的各种捐税，他们应该进行或结束的战争，他们为了自身安全而应该做出的牺牲，以及他们所能承担的债务。但是，通过严格的法律阻止国家借债也许是有益的。不管性质如何，一时的捐税不比国家债台高筑，国民长期重负压身更好吗？巨额贷款往往会毁掉一个人，同样也会毁掉整个民族。[①]

不幸的经验告诉我们，君主的利益与国民的利益往往是不一致 18
的，因此，由君主雇佣的全体人员都是不可信的，应该通过立法免
除他们在关乎人民利益方面的发言权；没有哪个人能够同时服务好
两个主人。对于国民代表来说，仅此荣誉就足以让他们满意。若一
个国家的国民唯利是图、利欲熏心，别自以为会有人做他们的忠实
代表。

法律应该规定国会议员或国民代表永远服从于制宪议会议员：

① 见第十一章结尾部分关于这个问题的论述。

后者应该有权根据可能出现的背信行为做出侮辱性的惩罚和撤职的决定。在结构合理的政府中，没有哪个人可不怕因犯罪而受惩罚，不管他有什么样的地位。

一个一心为公共利益着想的君主，绝不应害怕失去任命大臣的权利，因为在选拔大臣的过程中，他随时可能上当受骗，所以，宁可明智地选择固定的常设会议，由其负责迅速完成各个部门往往靠一个人的头脑不可能处理的事务。各种常设会议使行政管理得以稳
19 定，而这种稳定不能期待大臣们来实现，因为大臣更迭频繁，他们的思想观念、工作的方法、道德品行和文化素养，都很少能与其前任相一致。人们也许会认为，常设会议运行缓慢，会延误各种事务的处理；但是，君主的关注会加快常设会议的进程；而且，常设会议的决议在很大程度上可以避免单人决定的专断，因为权力和意愿会使一个人变得不公正或玩忽职守。

如果君主更愿意要大臣而不是常设会议，那么对于制度良好的国家来说，基本法则应该规定权力受托人必须向祖国汇报他们所从事的工作和相关事务的管理情况：这样，在人民眼里，君主就没有那些可能归于他的舞弊和错误，腐化堕落的大臣往往归于规章制度的舞弊和错误。这种严格的规定会非常有效地使大臣们克制欲念，提高警觉。蒂托·李维说："如果没有一个公民变得强势或强大到可以不受法律的制裁，这对国家是有益的：人们看到，地位显赫的人和所有其他人一样服从法律，没有比这更有利于保护国家了。"[①]

---

① Expedit republica, neminem ita se extollere ut legibus interrogari non possit; cum nihil magis conservet rempublicam quam potentissimos legibus subjectos esse. 见李维：《罗马史》，第二十一卷。

既然任何一种政体都只应以国民的福祉为永恒的目标，那么， 20
基本法则就应该以最庄严的方式保障：一、**自由**，它是以自身的幸福或利益为目的而不损害他人的幸福或利益的行为权利；二、基本法则应该永远保障**所有权**，即让公民安全放心地拥有合法获得的财产；三、基本法则应该使每一位公民在不违犯法律或不危害社会的情况下享有**安全**（Sureté）。如果一个民族基于权势人物的欲望或一时的兴致，监禁或消灭他所讨厌的公民，那么，这个民族就处在最恐怖的暴政之下。[①]

所以说，一个国家如果没有了正义，就不可能有自由、所有权 21
和安全。**自由**只能是一种在不损害任何人的情况下运用自己能力的权力；**所有权**是一种合法地或不损害他人地拥有的权利；个人**安全**是一种不惧怕任何人同时也不伤害任何人的权利。

我们看到，由于缺乏对这些原则的重视，无论是古代还是现代，有些看上去是自由的民族，似乎享有一个满意的政府，他们似乎什么都不缺，但实际上他们一点也不快乐，而且最终被拖向灭亡。雅典人的自由只是一种可怕的放纵，它允许一些没有德性的人随心所欲地疯狂对待那些比他们善良的公民。现代波兰人的自由在于那些达官显宦有权残暴地压迫农奴和分裂国家，而不受到任何权力的抑制或惩处。

---

① 几年前，在一个当时处在专制政体统治下的国家里，有一位大臣应其男仆的请求，以君主的名义下令监禁一个诚实善良的公民，只是因为这位男仆喜欢这位公民的妻子，并且不愿意自己的快乐受到妨碍。在英国，habeas corpus（人身保护令）在安全方面赋予公民以抵抗大臣专横暴虐的权利：按照这种权利，任何一个人被监禁，都必须在 24 小时内接受地方法官（Juge naturels）的审查，如果他被不公正地剥夺了自由，可以获得大臣的纠正。

英国人多么为他们的自由政体感到骄傲！可是对真正的自由，
他们似乎并没有自己的具体思想，他们永远都摆脱不了把正义和道
22 德变成放纵和无政府主义：这种放纵和无政府主义最终都导致专制
制度的产生。自由并不是可以毫无后患地骚扰公民的安宁，可以做
辱骂国君、诬告大臣、诽谤他人、煽动暴乱等诸如此类的事情；自
由也并不是可以不知羞耻地做伤风败俗的事情。如果没有防止骚乱
和犯罪的法律，就不会有真正的自由。在一个没有正义、贪图钱财、
唯利是图的堕落国家里，不可能存在真正的自由。自由在缺乏道德
和理性的公民手里，只能是一种危险的武器。

只有良好的社会风尚才能造就良好的公民，也就是说，能够善用自由的人，不会去滥用自由。道德教育和国家教育是为国家培养正直善良和值得享有自由的臣民的唯一途径。因此，国民教育是良政应该首先关心的问题，而可笑的是，国民教育却被严重忽略；自身公正的政体应该培养出与它一样公正的公民。

23 法庭旨在为公民主持公道，应该毫不动摇地依据国家基本法则和起始法则来设立。公民的命运绝不应该由法官们往往不正确的奇想来决定。公正是民众最迫切的需求，将它束之高阁的人一定是有罪的；公正的力量应该平等地惠及每一位在它看来是平等的公民。**特别法庭**和**上级法院提审**是只适合于暴政的做法，任何一个好的政府都应该加以取缔。

基本法则应该把一个民族已经确立的宗教权利、神职人员的境遇及其应该遵循的外在行为确定下来。但是，基本法则永远不应该干预教义，也不应该企图检查温和公民的信念；要永远禁止排斥异教、相互争斗和狂热的演说，尤其是疯狂的迫害。思想上的专制是

对人类自由最残酷、最令人愤慨和最没有效果的侵犯。在基督教国家里，有人歪曲、否认或践踏宗教原则。一个有迫害狂的政府，显然在努力把自己的一部分臣民当作敌人和暴徒。不能容忍异己的宗教是虚假的宗教，它不是源于上帝，因为上帝创造人类是让他们
在社会中生活。由于信念不同而让人产生仇恨的宗教，绝对不适合 24
生来就相互热爱、和平共处、不以同样的眼睛盯着同一个目标的人们。

在公正贤明的政府领导下，法律应该保证思想自由：新闻自由只有对于终日提心吊胆、狼顾狐疑的暴政来说才是可怕的。一个好的政府既不畏惧森林之神[①]，也不害怕批评，它乐意从极少数公民有时的献言献策中获得好处；法律应该使那些诽谤性文章、低俗下流的作品受到鄙视，实际上，只有它们才在危害社会。形而上学的讨论只适合于极少数人。政治性文章所包含的思想，统治者有权做出判断，有权接受或放弃。荒唐的制度会受到极大的惩罚，被鄙视、嘲笑和遗忘。

在任何一种政治社会里，公民都应该献出自己一部分钱财，用以保证政府能够保护他们剩余的钱财、保卫国家、保持国家内部的良好秩序和安全，等等。这部分贡献的名称叫作**捐税**。出于公正，
捐税应该由社会全体成员承担，按照他们在政府保证下方可获得的 25
收益比例来进行征收。在专制而没有公正的国家，贪婪的暴君武断地决定国民应该缴纳的税额，他们把国民当作敌人来对待。在这样

① 传说中，森林之神具人身、羊腿、尖长耳朵并长有尾巴，是半人半兽神，性野，沉湎于淫欲。——译者

的掠夺下，地位最显赫、最富有、最幸运的人通常都以**豁免**、**特惠**、**特权**的名义被免除部分捐税，而穷苦农民则往往被课以重税。法律应该永远禁止随意征税，它是自以为被赋予权力的人的随心所欲之举。法律应该不可更改地规定，所有公民都必须对他所具有的财产按照尽可能公正的比例向国家纳税。[①]税收豁免显然是对公正性的玷污，公正的政府永远不该参与其事。最公正和最合乎道德的法律可以废除那些所谓的权利，因为它们实际上只是一种僭取，一种对
26 国民不受时效约束的财产权的侵犯。如果君主本身公正，他就应该自愿放弃国民认为违背公共利益的一切权利或特权，因为在一个国家内，一切都应该服从于公共利益。

法律永远以道德为指导，因此，它应该消除由掠夺、侵犯和暴力造成的不胜枚举的欺压现象。为了不损害现有所有权者原有的不公平权利，但愿法律至少允许被沉重的赋税压得抬不起头来的农民逐渐赎回他们不公正的地役权。公民的生存应该优先于富人们的享乐。

约束军队的特别法仅仅是专制君主的欲念和一时兴致的产物，所以，军队常常摆脱全体公民所遵循的社会习俗的制约。军人鄙视地方官员的权威，因为地方官员无权惩处军人；军人往往忽视道德和平等权利对他们的约束，而他们却应该是这种权利的捍卫者和支持者。以道德为基础的法律应该使军人和社会全体成员一样受到相
27 同的道德准则的约束：它应该只允许那些心系祖国、关心并立志维

---

① 编制**地籍册**是消除专断，使地方捐税更加平等、公正的最可靠的方法，因为它会尽可能准确地把国民所拥有的土地确定下来。每一个村庄或县都可以以较少的经费，在一名行政官员和一名技师的监督下编制他们自己的地籍册。

护祖国安宁的公民成为国家的保卫者；至少，它可以要求对缺乏教育的士兵的行为起引领作用的军官和首长具有这样的素养。君主们十分了解他们的真实利益，难道他们看不到军队过于庞大会使国家人口减少、民族毁灭、人民无力为他们提供生活必需品吗？熟悉各个国家各个时期的历史和所有独裁与专制历史的君王们，难道他们永远不会发现一支军纪不整、放荡不羁、唯利是图的军队对君王及其臣民来说都是可怕的和有害的吗？德尔图良[①]说：“暴君之下，人人皆兵。”

一部符合道德的、持久而不可撤销的基本法，应该永远禁止征服。一个公正的民族会把征服看作是一种无益的抢劫，只能使它树敌无数，招致无休止的毁灭性战争，最终总是为了一些不确定的愿望或毫无依据的恐惧而牺牲了全社会的幸福。

作为德高望重的君主，身居一国之首，统领一个安居乐业并有
足够能力击退邻邦入侵的民族，应当安分知足，永远不要对偏远国 28
家怀有个人野心。国家是君主真正的家，他绝不应该为了家庭和私人的利益而牺牲国家。遥远的占有会降低国力，而且必然会使君主分心。

另一方面，国民应该以自己的觉悟和劳动使领导者得到他们应该得到的全部福利。感恩的人民应该给予君主的权力以必要的荣耀，使之在外邦人和公民眼里至高无上。但是，这种荣耀是与国民所享有的权利成比例的。对于一个民族来说，没有什么比看到自

① 德尔图良（Tertullien，约 155–220），基督教早期重要的神学家、伦理学家，教会拉丁语的创始人，在传播西方基督教词汇和教义方面起了重要作用。主要著作有《护教篇》（*Apologetique*）和《驳马西昂》（*Contre Marcion*）等。——译者

已为了一个傲慢的独裁者带有侮辱性的炫耀和他宫廷的奢华享受而处于水深火热之中更为悲哀的事情了。对于一个君主来说，博得自己臣民和外邦人民尊重的，绝不是虚浮的荣耀，也绝不是豪华的宫殿、巨额的消费和阔绰的宫廷；他只有通过自己的睿智、法律的
29 正义和对大臣的合理选用才能使其帝国受到尊重并变得强大；只有通过自己的善意、信守诺言和良好的品德才能赢得邻邦的钦佩和信任，使他们对自己的民族有高度的评价。好的国王使他的人民也享有好的声誉，他不会忽略外邦人对自己人民的尊敬。暴君总是被人憎恨，他的臣民就成为被鄙视或怜悯的对象。

在恰当建立的君主国家里，为了有效地唤起君王们对民众福祉的必要情感，基本法应该对于生来就坐王位者的教育做出规定。对于将来有一天掌握国家命运的人，国家有权利关注他们的幼年生活。阿谀奉承的朝臣们（低能的或居心叵测的）给予王子的不良教育，通常是全民族之不幸之源。王子之所以会变成暴君，是因为教育使他们失去了理智，以致认为臣民有义务向他们提供一切，而他们则不欠臣民任何东西。

以上简述就是那些愿意把道德、公平和理性作为自己行为导向的民族的基本原则（principe）所涉及的主要内容。以这些原则为
30 基础而形成的法律旨在把君主的利益与其臣民的利益结合起来。只有服从公正的法律、放弃专横的欺诈所得利益、摒弃最终害人的权力、让人民享有远非放纵的公正自由，君王自己才会享有不可动摇的权力、安全可靠的幸福，以及享有那些成天胆战心惊地统治着一帮抑郁呆滞、缺乏道德的奴隶的暴君永远无法感知的快乐。建立在道德基础之上的法律是国家、君主、各阶层公民、家庭和个人的福

祉。在这个世界上，缺少了道德或美德，没有哪一个人、哪一个社会、哪一个民族能够幸福。

如果这样，我们会看到，真正符合正义和道德的法律将能够造福于每一个阶层的国民，光明正大的立法有利于人们树立良好的品德。专制主义和暴政把人们拖向苦难，只有正义的统治或领导才会使人们逐步走向幸福。

31 # 第三章　论国家要员的道德法则

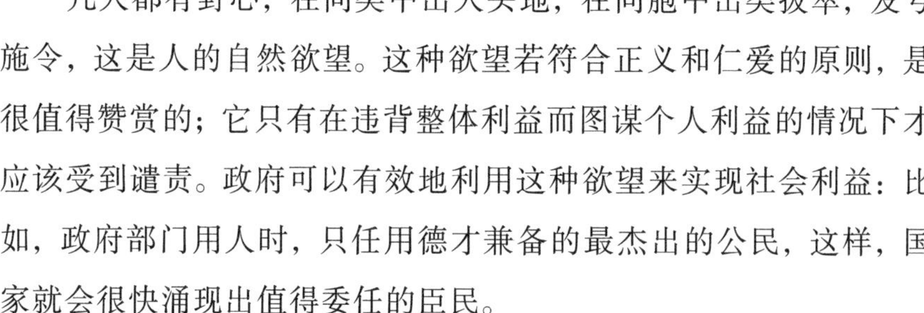

凡人都有野心，在同类中出人头地，在同胞中出类拔萃，发号施令，这是人的自然欲望。这种欲望若符合正义和仁爱的原则，是很值得赞赏的；它只有在违背整体利益而图谋个人利益的情况下才应该受到谴责。政府可以有效地利用这种欲望来实现社会利益：比如，政府部门用人时，只任用德才兼备的最杰出的公民，这样，国家就会很快涌现出值得委任的臣民。

君主对于臣民的欲望有两种有效的手段：一种是惩罚，另一种是奖励。荣誉、身份、地位、信赖、优待、头衔、宫廷职位、爵位，
32 简而言之，一切能使人出众并赋予人权力的东西，都可以被当作奖励；一切剥夺公民利益的东西，都是有效的惩罚：名誉扫地，没有人不感到悲伤；侍臣失去国君的宠爱就是一种惩罚，被处以酷刑也是一种惩罚。

极为普遍的现象是，权力会使人陶醉，并会使人忘记自己的职责；越是有权左右他人，就越不认为自己应该尊敬他人，说话应注意言辞，办事应讲究公道；由于受到主子的宠爱和袒护而心高气傲，自以为这样的恩典会永生永世，自信不会受到惩处，于是玩忽职守，恶意行事。因此，重要的职位往往会使那些生来最幸运的人腐化堕落，有时候会使那些本来品格高尚的人变得极具危险。

因为君主不愿费心去选拔自己所能信任的人，所以，他更应预
先考虑和防备权力会带来他们情感和行为上的变化。他应该时刻
关注那些自己委派看管别人的人。一个好的国君常常会对自己的欲 33
望、爱好和周围的诱惑提出质疑，所以，他不应该疏远自己的朝臣。
他应该通过关注大臣的行为来履行自己的职责，全面照看全体国
民，全身心地管理一个无人能了解详情的庞大国家。

君王们最大的不幸是听不到真话。威严的礼仪往往只允许大臣和重要官员近距离接近他们，他们几乎永远不可能从一帮阻断民声的人那里听到民声。常常簇拥在御座周围的是一些十恶不赦的宠臣和奸佞，可以说他们在**垄断**君主：似乎君主只是为了他周围的人而在当政。

任何一位君主都应该属于他的人民，不应该只属于那些可能
会欺骗他的朝臣或随时准备诱惑他的奸佞。所以，每一个公正的政
府都应向全体公民敞开向君王进言的言路。君王本该倾听臣民的抱 34
怨，持久稳定的法律应该规定他必须履行这一义务，这对于他和国
家的福祉以及他自身的安危都是非常重要的。难道不是大臣们背着
君主施行暴政才使得君主被臣民憎恨的吗？有些政府要员走上犯罪
的道路，难道不是他们的出身或他们的威望所造成的吗？无数的例
子证明，不正是那些最受宠的奸佞常常使君王成为他们阴谋的牺牲
品吗？

一个好的国君，只有他的人民才是他最忠诚的朋友。只有惶惶不可终日的暴政才让臣民难以接近君主。但这并不是预防君主遭受绝望的打击的有效办法。一个成为全民公敌的人会惧怕每一个公民。对于君主来说，最可靠的办法就是自身要品行端正。一位伟人

说过："正义就是君王的德行。"[①]这种德行会给他们带来安全。

因此，倾听臣民申诉和心声的国君是无所畏惧的，他会受到普
35 遍的尊敬：这些申诉好坏总有其原因，这些心声也可能并不妥当，君主应予以斟酌，他不会让申诉者作为被告受到审判，或交给常常用来抑制苦难者的哀鸣、挽救重要罪犯的法庭来审理。他会仔细核实事实，是否犯罪交由合法的法庭来裁定；对于不太严重的失职和错误，他会通过私下纠正或明显冷遇来惩处，以此来告诉他的人民，他爱他们，他一直在关心他们的安危。

另一方面，法律应该严惩招摇撞骗者和卑鄙的恶意中伤者，因为他们除了个人恩怨和不可告人的目的以外再没有别的原因，他们会在君王与其合作者之间播下不信任的种子。这可能是一种比意在反对达官贵人的可耻告密更应该受到惩处的罪行。最廉洁正直的大臣是最遭众奸佞嫉恨的，国无朝纲则奸佞猖獗，在腐化堕落的奸佞们眼里，恢复好的朝纲是最大的灾难。

36 宫廷里狂妄自大、贪得无厌、不知满足、玩弄阴谋、游手好闲者比比皆是，公正的君主尤其应该关注他们的行为和品性。国君不该赋予他们特权，特权往往成为作恶而不受处罚的权利，反而应该加倍严惩国家要员，这样的例子会对全体国民的品行产生最为直接的影响。一个作恶的奸佞，一个无耻的以淫媒为业者，一个厚颜的阴谋家，一旦大权在握，足以使整座城市、整个省区堕落。遇见这样的小暴君（Sous-Tyran），有廉耻者会被迫逃离，妇女被迫无奈，

① 见 1771 年巴黎间接税最高法院（Cour des aides de Paris）对院长、当今路易十六宫廷大臣马尔塞布（Malesherbes）的指责。

委身通奸，被从自己丈夫的怀抱夺走；纯洁的少女会成为诱奸的牺牲品；为了这种伤风败俗的事，以往勤俭节约家庭的住宅也会装潢豪华，彰显阔绰。

一个奸佞或一个大人物，我们确信他已使许许多多公民腐化堕落，那么还有什么不该让他彻底丧失名誉，甚至受到处罚的呢？但是，由于其声望或政府的宽容，这样的人终究还是不会受到惩处，而且还会厚颜无耻地在愤怒的公众面前摆出一副洋洋自得的样子。

德高望重的君主应该把信任、名誉和权力给予那些听从他指挥 37
并在臣民看来是他称职的代表的人。负责具体事务的行政人员的一言一行应该在民众中体现他们主人的品德。如果人民在君主派来的大人物身上看到的只是贪得无厌、专横跋扈、骄奢淫逸、无功无德，那他们对君主会有何想法呢？当人民看到对欺压他们的势力、特权和阴谋叫苦抱怨是徒劳的时候，不管国君如何体恤民情和政府有何主张，都无法使国民不起来反抗压迫和强暴。

宫廷的声誉通常只会成为一种欺压的力量，让贪婪的恶行得逞，违反一切规章制度，以武力或阴谋来越过公正对奢望所设的障碍。[①] 国君的莫大宠信会使受宠信者大肆利用国君的信任或单纯，
导致国君做出不公正的、让他们享受破格优待的事情，甚至做出招 38
致指责或鄙视的蠢事。任何一位听凭女人或宠臣掌管朝政的君主都会很快失去其臣民的尊敬和爱戴；臣民也会因其懦弱而受害。一个国家的国君需要别人来掌管朝政，没有比这更为不幸的事情了。

---

① 据说，有人请求菲利普五世的宠妃于尔森公主（Pincesse des Ursins）办一件很公正又很容易的事情，但她不愿意介入，她说："我从来都只插手不公道的和难办的事情。"

人们常常看到，宫廷里充满了阴谋诡计，这是奸佞邪恶和君主无能的表现。搞歪门邪道必然暴露出不可告人的意图：因此，要想欺骗君主或布设陷阱，必须转弯抹角，施用诡计。美德的表现过程是简单的，但伴随它的永远是光明正大；撒谎、蒙骗、背叛、欺诈，都只能偷偷地在阴暗的小道上行进。懦弱君王的宫廷成为一群奸佞阴谋暗战的舞台，他们无休止地互相排斥、争夺权力，在主子优柔寡断、既无原则也无目标的思想支配下相互拆台。在这样的君主统治之下，那些把全部时间都用在搞阴谋诡计的大臣完全无视公共利
39 益；国家每时每刻都在为某些意欲维护自身利益的宠臣的极不公正的意图而做出牺牲；君王成为某些厚颜无耻地嘲弄他及其臣民的骗子所玩弄的对象。在坚持正义和德政的君主统治之下，阴谋会被消除，抑或变成枉费心机。国君的眼睛专门用来驱散那些既危害人民也危害他自己的阴谋诡计。

国家希望被授予权力者严于律己，为他人树立榜样，他们应该表现出高风亮节，永远保持符合繁重的行政管理工作者身份的庄重和严肃；重大、庄严和崇高的任务应该使他们远离低俗卑鄙的阴谋和诡计，搞阴谋诡计只是多疑的、游手好闲的奸佞们才使用的伎俩。政府官员要想获得公民的尊敬，就应该自重。轻浮、自大、狭隘、妄言，这些都与胸怀大志者应有的尊严不可并存。那些思想浅薄、对公共利益毫不关心、对真正的荣誉麻木不仁的人绝不能有
40 效地为祖国效力。凡玩弄阴谋、腐化堕落、放荡不羁、听任女人摆布的人，无一可以治理国家。这样素质的大臣会迅速把国家引向灭亡。

君主还应该更为广泛地警惕那些受委托行使权力者利用职权

逃避他的监督。这些人最容易滥用手中权力，他们自信被吓住的公民们的抱怨不会一直传到御座旁。但是，作为一国之君，他会想到应该平等地给予全体臣民以正义，最偏远省份也应该与首都和宫廷一样在他的保护下享有同等的权利。

对于本应捍卫正义、保护无辜、维护良好风尚，却反而公开贪腐的政府高官，公正的政府应该以最严厉的法律加以惩处。作为一国之君的国王，要想得到人民的爱戴和尊敬，应该使自己的王宫成为圣洁之地，任何邪恶不洁之徒都不得进入；应该把酒色之徒、奸
夫淫妇、勾引女人者和腐化堕落者拒之门外。但愿立法者的庄严处 41
所对践踏法律者永远关上大门，因为他们在自己身份或出身的庇护下，自认为可以为所欲为；但愿君主的大门对每一位有益于人民的公民都敞开着，对这些公开的强盗和被授予头衔的骗子永远关闭着，因为他们为了满足自己的欲望或傲慢的奢华而拒缴捐税，以损害正直诚实公民的利益为乐。

如果说国君应该监视身旁的重要官员和与其共同负责行政管理的人员的话，那么，这些官员也必须监视他们所使用的公务人员，因为他们对君主和社会负责这些人员的行为。如果一个不称职的大臣坏了他主子的荣誉，那么有重大过失的下属则使不慎地使用他的人名誉扫地。在位者常常出于无奈任用一些缺乏教养，没有原则的人，这种人比别人更容易恬不知耻地滥用手中掌握的权力。由此可见，罪恶的腐败有多少可耻的走卒！警察必须采取行动，发现
或制止公民的恶习和违法行为，以维持社会安宁。为了从事某种低 42
俗的、遭人鄙视的职业，官署不得不使用一些卑贱下流之徒，这些人权力在手，肆无忌惮，贪婪地向罪犯索取酬金。这些官署下属公

务人员必须被严加惩处。在专制和金钱下面，傲慢无礼的小暴君充斥国家，他们自感有人保护，敢于伤害任何一位公民而不受处罚，而且敢于向任何一位公民摊派捐税。这样，社会就成了一群有权有势的奸细、骗子和告密者的蹂躏对象，他们以保证国家安宁为借口，每时每刻都在破坏社会和个人的利益。只要君主和大臣以公正来治理国家，善良的公民就没有任何可惧怕的了。

第四章　论贵族阶级的道德法则 43

国家若无世袭贵族阶级，将贵族头衔给予那些有效服务于国家、被大多数公民认为高贵杰出的人，也许会很有益处。国家最初的贵族阶级的功绩是很值得怀疑的，他们声称为祖国做出贡献而得到的回报，难道应该永远延续给他们那些往往对国家无所作为的子孙后代吗？哥特式城堡里沿袭下来的爵位和头衔给予继承者以觊觎教会、宫廷、司法和军队最高职位的权利了吗？而他们却根本没有真才实学来胜任这些职务的。过去，军人贵族冒着生命危险为征服一个王国或掠夺一些外省做出了贡献，那么，几百年以后，他们的
后代还应该认为自己有权利虐待仆从，压迫农民，要求对他们有约 44
束权，残酷地奴役他们，最终把富人应该承担的赋税转嫁到勤劳的贫民身上吗？①

这样的要求是否合理，让立法者来裁决吧，希望他们考虑这是否直接损害公民的幸福；希望他们冷静判断与生俱来的贵族身份是

① 在英国，只有在上议院有列席权和选举权的议员或贵族院议员才被视为贵族。绅士（gentle-men）或贵族出身者（gentils-hommes），以及那些古老的家族与普通公民没有任何差别。爵爷或贵族的兄弟们除了通过个人的服务和才能获得的国家官职外，再没有任何的身份。——在东方国家的政府里，官职是高贵的，但绝不是可以继承的。

否不该让享有这种身份的人产生荒唐的自负，也不该让没有这种身份的广大民众受到鄙视和失去勇气。

如果说贵族身份应该随血脉传给后代，如果说它体现祖先的
功勋与品德，那么，立法者至少应该免去那些对国家毫无贡献者的
特权，贬黜每一个因卑鄙行径和犯罪玷污了贵族身份的贵族。一些
45 贵族人格卑下，缺乏高尚的灵魂和宽仁的心怀，既不热爱祖国，也
不关心民众疾苦，既不崇尚自由，也不讲同胞感情，这不是矛盾的
吗？[①]有人认为，凡是贵族出身和真正高贵的人就应该出人头地，让
人赏识，可这与人们常常看到的屈从于专制和暴政的达官显宦身
上的秉性相符合吗？这与人们常常看到的在自己圈子里自命不凡、
在社会上目空一切、对其他公民持鄙视态度的贵族身上的秉性相
符合吗？一位前辈说，**没有比甘愿被奴役更让人鄙视的了**。然而，
我们看到有多少贵族以被奴役为荣，似乎他们的全部荣耀都来自
于在宫廷里俯首帖耳的崇高特权。偏见完全蒙蔽住了贵族阶级的
眼睛，以致他们认为自己的奴颜婢膝才使得他们更加尊贵。有幸
在御座前乞食，在暴君及其可鄙的宠臣手下卑躬屈节的贵族们，
46 自认为比那些在自己的领域里享有独立人格和自由的人要荣耀和
尊贵！

一些率然行事的君主常常使得这样的偏见得以被证实。在他们的眼里，只有那些他们觉得围在自己身边的人。他们以为在宫廷里，在他们的侍从中，在他们深信体现自己荣耀的随从中就看到了

① Noble（高贵，高尚）一词的拉丁语为 nobilis（驰名，著名），源自 notus（熟识，著名，显耀，卓越）。Généreux 一词源自拉丁语 genus（出身，血缘）。因此，人们认为，出身和血缘赋予某些公民以出人头地，让人赏识的权利。

整个民族。这种幼稚而错误的思想几乎在每一个国家都带来有害于国民、君主和朝臣自身的结果。被遗忘的人民成为那些贪得无厌的大人物即君王的侍从和官吏们牟取暴利的牺牲品；这些受宠的侍从成为官内府主人，向君主发号施令，欺压失去正常保护的百姓，于是形成了以**封建政体**著称的系统性掠夺，在所有的现代国家里，人们仍然能或多或少看到这种政体遗留下来的痕迹。[①]

此外，宫廷贵族往往极其错误和有害地纵容放任君主，他们无 47
限的欲望和无穷的需求使得君主变得贫穷而处于困境，甚至那些最富有的民族，尽管他们辛勤劳动，开办工场，但是，超负荷的赋税使他们永远满足不了一群贵族或狂妄自大的奴才的贪欲，他们不停地反对节俭、秩序和救济百姓。

但是，不公正最终只能带来不幸的结局。对人民的财富挥霍无度的国君永远不能使其所有朝臣都富裕。即便一些宠臣靠国家养肥了自己，但大多数朝臣都在期待分享国家的掠夺物当中倒了下去。更有甚者，他们备受君主恩宠，但为了满足虚荣心、表现欲、无限的奢华和堕落的生活，很快陷入悲惨境地。只有在宫廷里，人们才 48
能看到被奢华和富丽堂皇掩盖着的真实贫穷。

这些思考都被事实所证实，它们可能会使君主睁开眼睛，他们误以为御座之显赫，周围总是要有一群无可满足的贵族和高官。这些思考可能会让贵族们感到，厚颜行乞、为了一些虚无缥缈的希

① 这种奇妙的政体竟然荒唐地继续存在于波兰，今天，它在向整个欧洲上演一出表现堕落的贵族阶级损害自己祖国的惨剧，因为对于处在狂热和分裂状态的贵族阶级，他们的首领已无力加以制止。专制主义常常来平息由贵族阶级引起的骚动；专制政体取代了无政府状态。

望而牺牲自己的命运、为了获取很快就会消散的、既不带来荣誉也不带来安逸的钱财而卑鄙地费尽心机和策划阴谋，不大符合他们的身份。

总之，出于自己的利益而变得较为公正的君主应该促使贵族放
弃由于长期拥有而视为权利的无数不公正行为；应该让他们感到人
们永远不能违背自然的平等；应该向他们指出，即便千年以后，窃
取永远都不能成为真正的权利；应该让他们相信，不安分的贵族阶
级从君主那里获得或强索到的特权一旦危及整个民族，那它就是无
49 效的，因为即便是国君本人，也无权损害全民族的利益；应该让他
们知道，光明正大会使那些通过不公正的行为，由于君主的软弱或
盲目宽容而得到的特权化为乌有；总之，有着前车之鉴的立法者应
该让当今所有贵族都明白，时至今日，虚荣心、无知与偏见仍然使
他们依恋先祖曾享有的所谓权利，但这种权利明显有悖于他们的实
际利益，使贵族阶级遭公民嫉恨，危害社会，伤害农民，妨碍贸易，
阻碍工场，有碍全民族的繁荣，实际上也降低了贵族的收益、安逸
和福利。

人们完全有理由相信，这样从古老的错误中醒悟过来的贵族
阶级一定会出于他们自身的利益，放弃繁多的**名誉性**或虚幻性的权
利，因为这些权利在扰民的同时，也给他们自己带来伤害。这样，
许多极力保护**狩猎权**的君王和爵爷就会认识到，这种权利只不过是
50 一种无益的专横权利，它妨碍耕作，使田野变得荒芜，土地变得贫
瘠，为了一点微不足道的乐趣而失去可观的收益，使全体公民所必
需的食粮日益减少。这样，贵族阶级就会感到**地役权**、**特许权**、**付**

税使用权[①]、**徭役**、**通行税**等许多野蛮权利的荒谬无理，这些权利给他们带来的好处只是蹂躏他们的封臣，没有任何实际的利益。[②]

如果君主有意剥夺对贵族有害的权利，而后者要求神圣的所有权的话，他会回答他们说，所有权只是一种公正地拥有的权利；凡
有悖于民族利益的东西都是不公正的；凡损害耕作人所有权的东西 51
都不能被视为权利，而是对他们的权利的窃取和侵犯，维护他们的权利有利于整个民族，这比满足少数领主的奢望更为重要，领主们并不满足于不劳而获，还要阻碍对于社会和他们自己都至关重要的耕作劳动。难道大人物和富人从来都没有感到如果没有穷苦人的劳动他们就没有任何社会地位吗?

教育公民是立宪君主的责任，他应该告诉他们，不论他们处于什么样的地位，他们的利益永远都是与祖国的利益相一致的。他应该让贵族们懂得，各种流弊不会永远存在下去，不公正的时代已经结束，任何专制政体迟早都将自己灭亡。

权威往往被用来使不公正行为获得成功，难道它永远不会维护公正的权利吗? 一个对国民公正、较少偏袒贵族阶级的政府，应该让后者意识到免除其赋税，加重穷人赋税负担是不公正的。这样激
起民愤的特权和豁免不应该让偏见并未使之完全丧失公正、理性和 52

① 付税使用权（banalité），封建时代领主享有的付税后方可使用领主磨坊、面包烘炉等的权利。——译者

② 不久前，波西米亚和莫拉维亚发生农民暴动，原因是领主强迫农民每周必须劳动五到六天。此暴动造成严重破坏，使好些领主受到伤害，惨烈程度闻所未闻。一个明智的政府本应避免这样的不幸发生，如果它提早告诫或迫使这些地方的贵族阶级做事更加公正，不把人们当作牲畜来对待的话。请见新近出版的题为《封建权利的弊病》（*Inconvenient des droits féodaux*）的小册子。巴黎，1775 年。

人性情感的人感到羞耻吗？[①]

然而，贵族和富裕地主心中常常丧失了这样的情感，政府应该唤起或更确切地说激发他们这样的情感；应该把他们认为自己生来就比同胞更具优势的世袭傲慢消灭在萌芽时期，这样，他们就会认识到自己的自负偏见，会去努力实现自身的价值，依靠自己来出人头地；他们不再会像人们常常看到的那样，表现得极其无视才学；不再会以令他们萎靡颓丧、游手好闲、养成种种恶习的哥特式的、粗俗的无知为骄傲；总而言之，为了获得君王赐予的荣誉、报酬和高官显爵，他们必须学习，必须成为有用的人，他们要通过较之没
53 落陈腐的头衔或贵族头衔所显示的品德更为真实的品德来努力使自己不辱其名。贵族们只有在与国家各个阶层都有了利益上的联系的时候，才会真正服务于祖国和国王，转变为公民，真正无愧于社会对他们的尊敬。

可是，政府非但不消除贵族阶级的傲慢偏见，反而似乎还想越来越强化这种偏见。各种光环、头衔、文凭与日俱增：国君把它们当作生意来做，任何一个人都可以通过金钱来使自己变得更加高贵。正因为这样，立法者才对公民浮夸课税，但愿他们会医治这样的疾病！

虽说贵族身份及其头衔仅仅是虚浮的过眼烟云，但君王如果不滥用它们的话，则可由之而成功获得功德之举的报偿。可是，道德眼看着种种虚设的头衔常常被不光彩地出卖给一些腐化堕落的人或

① 这种豁免是基于过去贵族阶级必须支付战争费用，而今天，军队是受雇于国王的，贵族阶级不再有这种义务。一直以来，最富有的人反而对国家需求贡献最少。

才能低劣本该受到处罚而不该加以鼓励的新贵，竟然丝毫不鄙视这种头衔。这样一来，贵族身份由于国君的轻率与贪婪就成为一种微不足道的和毫无意义的荣誉，这种荣誉对于购买者或获得者来说，并不意味着个人的才学与品德，它只能增加无用的人、游手好闲的
人、无礼的人和劣等公民的数量，这些人个个都得意忘形，自信满 54
满，根本不把那些最诚实善良的平民放在眼里，他们把本该自己向国家缴纳的各种捐税转嫁到平民的身上。[①]

荣誉会迎合人的奢望，使人愉悦。因此，法律可以成功地利用荣誉来使公民成为有用的人或有品德的人。贵族身份、高官显职和一切勋章，永远只给予那些依靠个人才能而出类拔萃的人，这样，每一个贵族都会成为真正受到尊敬的人，对他们怀有感激之心的同胞们，虽有嫉妒，也不得不赞赏君主的决策。

立法者在剥夺贵族损害同胞或代表着对同胞的侮辱性蔑视的权利的同时，减少了被蔑视者对压迫他们或以傲慢和野蛮的态度对
待他们的人必然会怀有的嫉妒与仇恨。总之，如果君主只是对品行 55
高贵、宽容大度、乐施好善、蔼然可亲并具有极大爱国热情的出类拔萃的贵族施以荣誉和恩泽，那就会给贵族阶级增光添彩。

依照许多普通贵族的普遍观念，贵族生活就是无所知，无所事事；就是偶尔去一下战场；就是日复一日地过呆板单调的日子，策划阴谋，参与宫廷的阴谋活动；就是向公众炫耀华丽服饰、侍从、仆人和马匹；就是在赌场挥霍或与放荡女人挥霍；就是负债累累，

① 在法国，贵族并不缴人头税（taille）。在波兰，一个贵族在拥有数百万收入时，也只是随自己的意愿来分担公共开支。在德国，贵族强迫农民为其支付所有的开支。这是一些自认为已经从野蛮中走出来的民族根深蒂固的恶习。

赖账不还；就是抢劫还要装出上当受骗的样子。这种认识是很荒谬的，反过来说，似乎一个贵族要想得到人们的赏识，就必须鄙视一切才能和每一个良好的国民都应有的美德。

如果道德的训诫没有统治权的支撑，道德对这种荒谬观念的反对就是徒然的。这时，一种强烈的、一直被听到的声音会使众多丧
56 失理智的贵族明白，无知、懒惰和无能既不能让人出名，也不能给人以享受国家恩惠的权利；自命不凡、炫耀、放荡和玩乐都不是获得政府奖励的理由；国家没有义务为一个已经破产的有名的傻子偿还债务和处理事务；欺诈绝不是贵族身份的标志，鄙视美德、鄙视自己的同胞绝不说明情感的高尚。

在一个恰当地组织的国家中，所有的都会提醒各种身份的人认识到他们是同胞，作为同胞，就应该为了共同的利益而同心协力，行动一致，互助互爱，幼稚的虚荣心永远会使他们相互疏远，从而导致相互危害。和蔼、大度、仁慈、诚实和灵魂高尚才是贵族身份真正的标志。如果这些标志在许多名门望族都存在，而且能够血脉相承，那么，贵族身份就不再是虚有其表，人们对于它的尊敬是一种正义之举，而不是偏见所为；祖先具有良好的品德，子孙后代为
57 人处世就会以先辈为榜样，他们和那些至今还在让人承受由于自己对君主的不忠而给国民造成损害的旧军人的傲慢子孙相比，会更合理地受到人民的感激、尊敬和热爱。一个公民一生享有高风亮节，刚毅正直的名声是美好的；一个人一生劣迹斑斑，臭名昭著则是不光彩的。

总而言之，符合道德的法律应该通过一切手段来激发全体公民的美德。如果说贵族阶级整体是真正培养军人的摇篮，那么，政府

永远都不应该容忍祖国的保卫者成为自己的压迫者和暴徒。对于富裕的贵族阶级来说，一如既往立足于祖国这片土地，复兴濒临灭亡的农业，减轻不堪重负的侍从的负担，兴建有益的机构，乐施好善，创办工场，让穷人就业，这比他们在宫廷里挥霍堕落更符合他们的身份，更符合一个好的政府所给予他们的荣誉和报酬。怎样让高官和贵族成为真正有用的人，这是一个事关国家福祉的重要问题。

58

第五章　论军人的道德法则

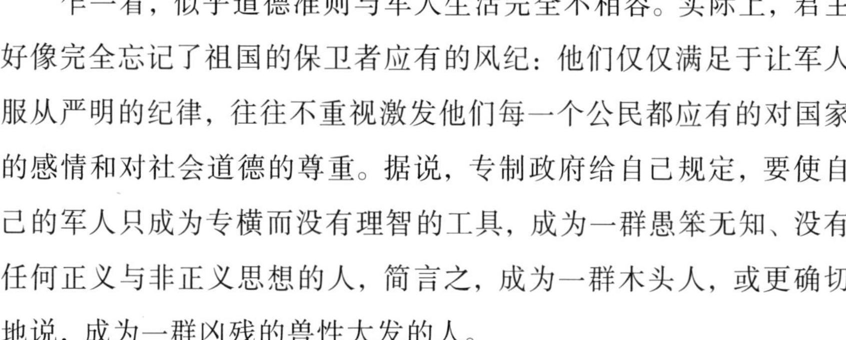

乍一看，似乎道德准则与军人生活完全不相容。实际上，君主好像完全忘记了祖国的保卫者应有的风纪：他们仅仅满足于让军人服从严明的纪律，往往不重视激发他们每一个公民都应有的对国家的感情和对社会道德的尊重。据说，专制政府给自己规定，要使自己的军人只成为专横而没有理智的工具，成为一群愚笨无知、没有任何正义与非正义思想的人，简言之，成为一群木头人，或更确切地说，成为一群凶残的兽性大发的人。

如果说这样的政策符合暴君的阴险目的，那它就既不会被合法
59 的君主所采纳，也不会被以道德和理性为行为准则的政府所接受。
他们知道树立一种公民贵族阶级的意识和观念的重要性，贵族阶级的荣誉永远与美德联系在一起，荣誉应该是第一动力；他们意识到，如果军队没有风纪和品德，君主和国家会随时面临一群强盗的凶险侵害，而且，这群强盗的狂热是不可以阻挡的。

确实，纪律以强大的力量强加于军人，使军人养成服从约束的习惯；但是，无论人们把纪律想象得多么严酷，它都不能像高尚的道德情操那样有力量来抑制人们的欲望，因为道德情操是人们从儿时就开始受到启发，在生活习惯中加以强化，再通过榜样而固定下来的，而且，它们体现在法律的奖惩之中，简而言之，它们得到所有政体权力的确认。

当然，这取决于一个细心的君主是让军人在风纪方面、在训练中服从纪律，还是在保卫国家的使命中服从纪律。如果说军衔、荣誉、绶带和微少的抚恤金能够使一个出身高贵的军官屈服于约束，往往过十分艰苦的生活，甚至面对危险和死亡，那么，人们还会怀 60
疑同样的方法能让他去学习，从而树立美好的品德吗？美好的品德永远都是知识和教育的结果。

人之恶习都源于无知。只有让人们知道什么是自己的真正利益，教会他们怎样思考和推理，才能指望人们成为更正直、更具社会性、更能够承担众所周知的责任的人。军人之所以如此普遍缺少良好风纪，只是因为人们忽略了对他们的教育；以为一个从军打仗的年轻人无需有什么学识，母亲生下他来就够了，并不要求他受什么系统的教育（而且，对于那些家境并不富有的父母来说，几乎没有可能给予他这样的教育），他具有什么样的秉性和品行都不重要。[①]

为了医治这些带来严重后果的弊病，在如此神圣的保卫祖国的 61
队伍中，必须只招募有教养的年轻人入伍，我们希望在他们身上能够看到优良的素质、健康的心理和具有可塑潜能的良好品格。这些

① 布朗托姆（Brantôme，1540－1614）虽然是个通俗的伦理学作家，但在他的著作里，有一段文字很值得我们在这里引证，他说："由于某种重大罪行而无奈地遭受折磨的灵魂或良心，除非过去已经做好了准备，否则它自己不会有勇气，把这种罪行安（enchasser）在自己头上，它很不情愿接受这种罪行，因此，它永远处在忧虑和痛苦之中。"见布朗托姆：《著名军人的生活》（*Vie des illustres guerriers*），第四卷，第197页。

素质可能比出身更值得我们重视，因为高贵的出身与和善的品德的遗传相距甚远，通常情况下，它只有助于造就一些自负而爱虚荣的人，他们吹毛求疵，狂妄自大，即便自己的同伴也难与他们相处，更何况其他公民。

一个幅员辽阔的帝国，有一个为数众多的庞大的贵族阶级，即便没有这个阶级，还有无数善良的家庭，虽然他们没有那么高贵，这样的帝国政府一定要积极发现可以信赖的臣民，以便将军队托付于他们。在家庭教育不完善（父母往往忽略对孩子的教育）的情况下，国家应该承担起军事方面的教育，以使那些未来有望从事国家安全工作的人尽早懂得必要的道德规范和知识，有朝一日成为文化
62 人、好军官，尤其成为好公民。[①] 一位新派作家说："军队是一块盾牌，人民应该在其背后过安宁的生活；建立军队旨在使边境内的人民享有来自安全和自由的幸福。"[②]

这样，一个敬业的政府会在短短几年内培养起一支既有文化素养，又有良好风纪的军队。一名军官应该具有符合其身份的必要的知识，此外，出于他自身的利益，还应该凭自己的天赋去获得使他得到社会尊重的东西，比如：良好的心理素质，这会使他与人和善；才智出众，这会使他讨人喜欢；勤奋好学，这会有助于充实和平时

---

① 在一些国家，君主们建立了军事学校或一些专门培养军官的学校；但这类往往费用浩大的学校，很少有人们所期待的效果。他们把军校建在大都市门口，这是最欠思考的事情，因为那里的生活腐化堕落，纸醉金迷，年轻人对于什么是道德不屑一顾，他们所能见到的都是坏的榜样，只能学会荒淫放荡，狂妄自大，自命不凡。

② 见C.迪布阿（C. Dubuat）：《欧洲民族古代史》（*Histoire ancienne des peuples de l'Europe*），第9卷。

期留给军人的、或完成日常任务后的大量空闲时间。这样，部队的驻地、营房就不会成为郁闷赌博，放荡荒淫和寻衅滋事的场所，而会成为军官们所喜欢的地方，他们都会由于心情愉悦而做出贡献。每个团、军团都会成为一个个有效联盟，成为一所所军事学校，从 63
而国家会获取最大的利益。

希望人们不要认为通过教育使军人变得优秀的计划是一种空想。只要一个始终正义的政府为自己争取到一条神圣的法律，规定永远不许**亏待**或不公正对待功绩卓著的军官；只要它注意赏识和奖励（尤为重要）具有一定才能并养成良好风纪的军人，这项计划就极易实行。军队消除了愚昧无知和游手好闲，国君马上就会摆脱军队放荡、淫逸、赌博、欺诈和寻衅的困扰：立功者受奖，他就会拥有有素养的军人；道德受到尊重，他就会拥有忠于职守、受同胞尊重的军官。对于我们的祖国而言，军官们的忠诚要比那些因恶习而堕落、因习惯游手好闲而腐化的雇佣兵更加可靠。

这种方法可能会使军人成为真正光荣的、真正有益于祖国的、真正受到全体良好公民尊敬的职业。这样训练有素的军官会对其下 64
属士兵产生极大的影响：受到公正与人道的对待的士兵自身会变得更加正直和具有理性，并且基本不会有潜逃的企图。由于政府的疏忽和不公，有些人通常只会成为无知的人和坏人，但是，相应的道德教育结合军纪的权威，会使他们得到有效的改造。

在国君敕令的鼓励下，道德能够消除军人之间带有侮辱性的傲慢行为、屡屡发生的争执和常常让他们付出生命代价的狠心而无谓的殴斗。严格的法律、对宗教的敬畏和对死亡的恐惧之所以至此都未能根除决斗，是因为对于决斗者来说，耻辱地活着比杀死另一个生命更加恐惧；是因为对于身陷绝境、必须面对死亡的人来说，失去生命丝毫不会让他们感到害怕。[①]

65 崇尚荣誉的人应该在荣誉方面去做工作。凡吵架斗殴、寻衅闹事、蛮横无理者，都应该使其臭名昭彰；凡侮辱欺凌他人者，无论是谁，都应该以公开的方式予以开除。只有这样，我们的部队才能肃清那些应被看作公敌的、不安分的狂妄、鲁莽之人。要有一个军事法庭对他们进行审判；吵架斗殴的目击者要对他们提起诉讼；对常常残忍地以煽动同伴互相厮杀为乐事，从而扰乱部队的卑鄙的家伙，同样要严加惩处。对这些卑鄙残忍的人，要剥夺他们的贵族身份，必须让他们在同胞眼里一直是一副耻辱的嘴脸。这样的方法也许要比不具有耻辱性的长期监禁和死刑本身都更为有效。善
66 良的公民受到凌辱，为他们洗雪应该是法庭的职责：在缺少好的法律的情况下，受凌辱者往往会被迫自行报仇，即便冒有生命的危险。

道德借助权威也能很容易消除许多军官对妇女的轻浮举止，他们有些人常常以无故羞辱妇女为乐事。伤害柔弱女子算是果敢的男人吗？她们既没有能力保护自己，也没有能力拒绝别人对她们的侮辱，而且这种侮辱往往是在她们毫无防范和无缘无故的情况下发生的。有一位才女这样说：“男人因为相互惧怕而相互坦诚，并懂得相互承认对方的正当权利；但是，他们冒犯女人不受处罚，也不感到

---

① 在有些国家，决斗受到严格保护，允许击剑教师公开授课，专门向国民传授如何杀死他人的技巧，这难道不是不可思议的吗？然而我们却看到这些击剑教师中，竟然有人因为在传授这种伟大的刀剑艺术方面成绩显著而获得贵族身份授予状。但这种艺术在战争中是完全无用的。

内疚。因此，男人的正直只是不得已而为之；这与其说是对正义的热爱，不如说是对正义的恐惧。仔细分析那些习惯于向女人献殷勤的男人，我们就会发现，他们都是一些很不道德的人。”[①]玩弄这种手
腕在军人身上极为普遍，因为无知与游手好闲使他们腐化堕落。通 67
过对军人进行教育，使他们懂得什么是良好的道德规范，让他们从事有益和喜欢的事情，这样，他们就会养成良好的品德。军人只要不再自找麻烦，就不再是伤害公民的凶煞瘟神；当他们在公民眼里不再是勾引女人的人，不再是不道德、不顾廉耻的酒色之徒，公民就会与他们结交，接受他们成为公民社会的成员。

总而言之，一个开明的政府要让军人有充实的生活，这样才会使他们避免由于无所事事而沉溺于堕落、纵欲和放荡的生活。合理的工资能使他们有安适的生活，工资过低就无法提供这样的生活；此外，一份固定的、并不使他们疲惫的工作也会让他们在战斗中更加精力充沛。一个国家有那么多有益的事业，但出人所料的是，君主们都不让军人去完成这些事业；其实，军人大量的劳动力很容易战胜一些巨大的困难。如果有人对我说，军人只是用来打仗的，劳动降低了军人的价值，那我要回答他说，大中华帝国国君一年掌犁
一次，以此来告诉他的臣民，有用或必要的劳动不会让任何人脸红； 68
还有，罗马军团凯旋的战士在和平时期立刻被用来修筑便道，开凿水渠，修建渡槽和大型公共建筑，这些建筑的废墟令现代艺术家们都感到惊讶。成千上万的军人在没有战争的时间里不被利用，他们

① 见《一位母亲就何为真正的荣誉写给儿子的信》（*Lettre d'une mère à son fils sur la vrais gloire*）。

在吞噬祖国，对祖国毫无用处，而且自己也陷入并不光彩的、永远摆脱不了的贫穷之中。[①]

这种贫穷是军人的耻辱，不过它是一种病态，即便是最富裕的
国家、最人道的政府、最正义的国君都不能治愈。有些大国君主野
心勃勃，胆大妄为，不满足于命运安排给他们的疆域，而他们的无
69 能又阻碍了他们实现管理好这片疆域的心愿，于是把全部的精力都
用于戒备，而且不得不组建超越国家能力的军队；因此，这些国家
永无喘息之机；即便有很长的和平时期，过于庞大的军队也会耗尽
国力；它们每时每刻都必须雇用一大群无用之人，所以这些人的命
运也不可能好转。国君必须集中力量战胜那些出于某些空想的意图
而扰乱普世安宁的野心家，只有这样，他们才能摆脱可悲的困境，
不再继续保持必然给他的臣民带来不幸的军队。世界应该有一个联
盟来武装各个民族，消灭这些恶魔，因为他们为了获得几块管理不
善的贫瘠土地，不惜牺牲上百万士兵的生命。他们似乎不把士兵作
为人来看待，而把他们看作牲畜一样，为了某种疯狂的虚荣可以毫
无顾忌地宰杀。所有的征服者都心胸狭隘，目光短浅，毫无人道的
情感。圣皮埃尔修道院长很有道理地说："一位国君的真正荣誉不
70 在于成为伟大的统帅，也不在于取得伟大的政权，而在于尽其所能

① 圣皮埃尔（S. Pieere）修道院长发现，养活一名普通士兵，亨利四世国王每年需要 5.5 马克银币；而路易十五国王则只需要 3 马克。亨利四世时期的 1 马克相当于 20 里沃尔（译者按：livre，法国古代的记账货币，相对于 1 古斤银的价格）5 苏（译者按：1sol 相当于 1/20 的里沃尔），而路易十五时期 1 马克相当于 49−50 里沃尔。见《一个善良人的梦》（*Rêves d'un homme de bien*），第 127−131 页。

使自己的臣民获得最大的幸福。”[1]造福于他人的人才是真正的伟人。各国人民都曾有被称为伟大国王的卓越人物作为他们的主宰者，但是，他们往往都要以数百年的悲惨经历作为这种荣耀的代价。

道德使军人的品行变得温和善良，并且在同胞眼里成为更值得尊重的人，道德还要求军人要尊重外国人，甚至自己国家的敌人；它要求军人必须听从神圣人道主义的、触动人心的呼唤，甚至在战争的炮火声中，这种呼唤也应该唤醒善良的灵魂；它会告诉全体军人，要放过已经不惧危险的战败者，挽救缴械的敌人，同情命运把 71
战场移到他们国家的人民，避免战乱或野蛮习惯、狂怒之举可能造成的无谓破坏。只有让人看到具有人道主义原则的军队，一个国家才能博得邻国的尊重和热爱。军人所犯下的罪行往往会给自己国君和国家涂上数百年都难以消除的污点。

善良君主的有胆识的大臣！圣热尔曼将军！[2]你在谨慎地对伟大的王国军队进行改革以后，鼓励士兵学习，激发他们真正的荣誉感，缓解了他们还在野蛮状态的恶劣情绪，你的业绩无疑值得褒奖。你支持善良国君的卓见，从士兵们的心灵深处消除被罪恶的奢华点燃的可耻的金钱欲望。你赋予他们值得称赞、温和而有节制的品行，使他们成为更受尊敬的人。你对自己祖国的善举给你带来不

① 见《一个善良人的梦》(*Rêves d'un homme de bien*)，第 370 页。瑞典至今仍然受到查理十二的荒唐想法给这个王国造成的人口减少的影响。在一次给母后的呈文中，巴尔扎克曾对他说：“人民并不沉湎于从军队传来的特大新闻，也不为你的将军们的赫赫声誉所感动，他们愿意多一些面包，少一些荣誉：他们往往对自己的国君取得胜利感到悲哀，心焦地等待着狂欢早一点结束。”

② 法兰西国王路易十六的陆军大臣。

朽的荣誉，虽然你的刚毅招来敌人的叫嚣；你赢得善良人的掌声，不久，后人会把你看作和苏利、卡蒂纳[①]一样的人。

① 卡蒂纳（Catinat，Nicolas，1637–1712），法国元帅。路易十四时期指挥重大战役的统帅之一，杰出的谈判家。1819 年出版了自己的回忆录。——译者

第六章　关于法官和司法人员的道德立法 72

每一位法官都是一个其身份规定要维护同胞中的正义和社会道德的公民。因此，既不公正又行为不检的法官是政治或社会秩序中的恶魔；他不配政府对他的神圣寄托，应该取消他的职务；他不配社会对他的信任，在社会上，他只行使令人憎恶的权力，为所欲为，专横跋扈，人们因惧怕而被迫服从。但是，司法作为正义和法律的工具，是神圣的职业，绝不能依靠暴君蛮横而盲目的冲动来行事，也不能依靠大臣们的任性和法院的利益来行事。法官的命运只能由法律来决定，只有法律才能决定他有罪还是无罪，决定他是否应继续留在原来的岗位上，还是应被从这个岗位上赶走。国家如果
由国君的意志来任命和撤消法官，那么，正义马上就会在这个国家 73
消失；廉正的司法是暴君所不愿意接受的。在任何一个符合理性的政府里，基本的法律都应该保护法官不受到企图对他压制或强行判决的权力的侵害。

从另一个角度来看，没有什么可以置于法律之外，因此，只有那些受过全面教育、在令人敬畏的职业方面受过长期的基础知识培养、具有处理人与事的技能、善于研究和思考、尤其具有良好品格、无可非议的人才被许可进入法庭工作。

有些民族由于不可避免的恶习，仅凭自夸就能决定一个候选者的资格：不深入了解其学识或品行，不打听其智力和能力，仅凭出身，就让一个人进入司法界；在毫无经验、情绪急躁的年龄，他就在法官行列占有一席之位，决定国民的命运与生命。[①]

74 更为严重的是，一些国君利欲熏心，并没有把正义的殿堂放在眼里，他们贪婪到出卖对人民的审判权；他们并不担心可耻的非法交易允许法庭拍卖他们买来的东西。司法的设立本来是为了奖励探索、科学、正直、光明的行为，但由于这种奇特的交易，只是在利益分割中致富，所以手段极其卑劣和无耻。[②]

面对根深蒂固的恶习和疯狂的专制政府给国家造成的几乎难以治愈的创伤，被禁的理性只能默默地忍受。如果说一个较为明智的政府只能随着时间的流逝慢慢医治人民的疾病，那么，严肃的法律至少应该体面地为人所敬畏，应该维护有益于仲裁人、模范人物、受其他公民崇拜和尊敬的对象的社会风气。

75 可是，对于一个年幼无知、放诞任性、看上去满脸稚气、轻薄无礼的青年人，人民能够给予他怎样的尊敬呢？对一个由于兴趣爱好而对其艰难的职业产生了极度厌恶的法官，公民会有怎样的信任

---

① 著名法学家夏尔·迪穆兰（Charles Du Moulin）就曾抱怨说，在他那个时代，法国参议院（Sénat）由于众多年轻人的进入而变成了初修院（Juvenat）。在法国，只要装模作样地完成3年罗马法的学习就可以进入司法界工作，然而，法国的法律并不是源于罗马法。简言之，对于从事决定所有公民命运的这样一种令人敬畏而庄严的职业的人，是不进行培养的。

② 亚历山大·塞维鲁（Alexandre Sévère）皇帝曾说，王子在出卖职位的同时也失去了自己对渎职大臣们惩处的权利，因为他已经卖掉了从皇帝那里买来的正义。

呢？一个奸夫、酒色之徒，一个愚昧无知、挥霍无度的人，有什么脸面敢于用自己门外汉的双手来把握公正的天平呢？那些公正正派的法官是以什么样的目光来看坐在身边的往往是劣迹斑斑的人呢？

如果说在合法政府下，法院的全体法官应该是不可免职的和常任的话，那么至少应该严格审查那些其不良行为或犯罪行为有侮法官职务的成员。一支受人尊敬的队伍应该排除酒色之徒、孟浪汉和行为充满虚荣心的人，因为他们的举止与严肃认真的身份格格不入。

法律应该禁止拉拢法官。正义是一种债务；其代言人有义务向每一个要求还债者（无论他是谁）偿付债务。诉讼人通过殷勤拉拢或屡次三番的卑鄙行为讨好法官，法官由此而产生虚荣心是再愚蠢
不过了。作为一名法官，只能通过自己的廉正、勤奋和智慧来赢得 76
人们的尊敬。

一个不明晰的判例会有无数的瑕疵，且往往有悖于正当的理由，因此，负责任的审判员所肩负的工作随时都应有新的变化；一旦要潜心于体现自己良心的法律，就必须放弃消遣娱乐和社交生活的乐趣。

在某些国家，君王的贪婪使得法官的职位大量增加，尽管如此，数目庞大的法官并没有加快案件的判决：我们并不是没看到历时几个世纪的诉讼案件；而且由于审判员罪恶的拖沓、司法人员的欺诈和诡计以及法律本身的缺陷，诉讼人倾家荡产的事情屡见不鲜。常常让人觉得，立法的目的似乎只是为了吸引走不出迷宫的公民。

被错误理解的法律和不大符合自然公正的风俗习惯往往会制
约法庭的判决，它们只能搅乱审判员的头脑，常常使得审判员被迫 77
离开理性而依循常规，或遵循一条由不容许推理的判例给他们开辟

出的道路。这样问题就来了，法庭有时可能会对种种规章制度、诉讼程序和它们没做冷静思考的偏见表现出盲目的偏好。正因为这样，我们看到法官们常常对开明政府有益的意见设置障碍，反对一切改革，把有益的变革视为危险的新生事物。一个坏的判例只能让审判员思路受到限制，犹豫不决，失去自信。

塔西佗精辟地指出："国家越腐败，法律就越增多。"可以肯定，法典应该是大多数国家的行为准则，它是由复杂而曲折的判例、古怪而不合理的风俗、专横而不公正的习惯和有时相互矛盾且不够明晰的法律构成的；它们使得应该做出判决的法官感到一筹莫展，使得疑虑重重地等待判决的公民感到无可奈何。没有一个国家的判例
78 是理性的产物，具有简单明了的性质。君主们或因懒惰，或因一些谋求私利的意见，觉得顺其自然要比消除邪恶、解除臣民痛苦更简单或更有益。几千年来，对法律的注释和说明成千上万，但法律并没有因此而清晰，反而越来越模糊；正义和非正义的标准并不为人所知；没有一位公民确信自己的所有权；一旦有人偶有争议，就不得不把自己交托给那些讼师们（Praticiens），这些人借助他们对法律隐晦曲折的解释，对全社会开战，肆无忌惮地掠夺整个社会。哪怕是最无畏的正直，每当它意欲打击这支恐怖队伍，捣毁这帮借助公民之力的强盗的巢穴时，也会感到惊恐不安。①

① 有人查实，著名的达盖索（Daguesseau）先生长期从事法国判例简化和修正工作，后来在人们的劝说下被迫放弃了他的计划；人们深信，他的新法典会使成千上万的律师、诉讼代理人和讼棍们穷困潦倒。假如有人找到了消除一切疾病的秘方，那医生、外科大夫和药剂师们一定会感到不快，因为他们不得不去从事别的职业。柏拉图说得好：从一大群法官或司法人员以及医生们的身上反映出国家的腐败，人的背信不义在养活司法人员，公民的饮食无度和游手好闲使医生得以生存。在一些呈给法王亨利三世的谏书里，讼师被称为"讼案编织工"（tricottiers de procès）。

长期存在的流弊与邪恶似乎是国家中必然存在的东西，可以 79
说，它们是根据国家的需要而发生变化的。在不公正的政府下，无
能的君主和法官自以为可以从维护流弊与偏见以及最明显的不公正
行为中受益；一帮劣等公民则在社会灾难中活命。独裁者及其普遍
缺乏理智、腐化堕落、玩忽职守的大臣们并不关心法律，法律对于
那些想随心所欲的人来说似乎是无益的，或碍事的。再者，在一个
贪婪的政府下面，不断增多的法律相互矛盾，模糊不清，造成无数
的诉讼案件，从而使公民不和，相互争斗，国君因此得以对他们的
恶行和纠纷课税。任何非正义的政府都要通过臣民的堕落来获益，
并且对他们的不理智行为课税。[①] 简明而公正的法律确实对国家有 80
益，但它不能成为昏庸懒惰、目光短浅、急功近利的专制政体的
堡垒。

在一个邪恶的政府下，法官也必然受到普遍的社会瘟病的传染。坏的国君只能造就坏的公民，他们只任用唯命是从、品质卑劣的人：这些人为了彰显自己的重要性，提高自己在别人眼里的身价，非常害怕简单易懂的法律原则，因为这样的法律原则会减少诉讼数量，从而使法官无用武之地。那些自身没有什么可赢得别人尊重的人，一定要想方设法让别人因为惧怕他们的恶行和滥用职权而对他们产生敬畏。只有坏人或愚蠢的人才以自己为所欲为的恶行

① 几乎在所有的国家，诉讼人随时要缴纳的注册税或印花税以及没完没了的国税对于君主们来说都是一笔巨大的收入，人民的恶行成为他们有益的和不可缺少的东西，但是，他们也因为这些恶行而苦恼不堪。

为荣。[1]

81 法官不是凭借自己对公民的审判权，而是凭借对公民的公正审判来获得尊重和荣誉的。以有权误判或伤害为荣只能是暴君的禀性，刽子手的虚荣；刽子手觉得有权折磨或杀死不幸倒在他们手中的人是荣耀的事情。

因此，为了法官的真正荣誉和公民的利益与安全，君主尤其要提醒审判官们牢记自己职务的责任与尊严，伤害他人的倨傲自负只会被人鄙视和憎恶。法官的尊严在于他的才智、廉正和美德：他的行为超越了狭隘小人的卑劣行径，他就是伟大的。参议员是国家的监护人，他来自公民公共监护人的权威应该像国家一样，只让人产生一种子女对父母的敬畏，一种掺杂着爱的尊敬。这样，至高无上的法律，作为一切权利之源，应该阻止法官的权威变为霸权，这种霸权会迅速施展于整个社会。

82 法官就像他所运用的法律一样不可带有情感，对于自身利益、喜好，以及可能诱惑自己的个人原因必须视而不见。法律永远应该清晰明确，作为法律的执行者，法官不能允许自己凭借想象来解释法律。由于肩负严肃的职务，法官必须惩罚犯罪，但在惩罚过程中永远不能带有狂暴的情绪，丧失人道主义。面对司法机关交到他们手里的不幸者，冷酷的审判员习惯上不表现出任何怜悯的情感，还有什么比这更奇怪的吗？

作为一个团体，为了信誉、良心和荣誉，全体法官一致要求修

---

① Oderint, dum metuant（憎恨是命中注定的），这是一个暴君的箴言。pestifera vis est，valere ad nocendum（受益多，必遭损）。塞内加：《论宽恕》（*de clementia*），lib.i.3。受到人们指责的法官中某些人的傲慢，只能招致公民对法官的憎恶。

改高深莫测，含糊其词的法律原则至关重要，因为，几乎在所有国家，这种法律原则都只是在误导法官，经常使他们做出有悖于公正、理性和情理的判决。每个正直的、珍爱自己荣誉的审判官都希望消除九头蛇，因为它借助神秘迷惑民众，使判决难以确定，从而损害审判官的名誉。但是，要做到这一点，必须有一位强烈主张正义，决心从苦难中拯救臣民的君主。要铲除受到众多不良公民（即 83
所有那些其个人利益与总体利益相对立的人）支持的流弊，需要决心和坚持不懈的勇气。最后，还需要智者们开启民智，因为愚昧往往惧怕新生事物，而新生事物是最有益的，也是最需要的。

说所有维护旧流弊的人都是坏人和不正直的人，这种认识是错误的。最激起民愤的流弊也有其有利的方面，甚至最善良的人也认为这一面是有用的。因此，有些对于公民来说是难以接受的专制的、没有实际意义的繁琐的习俗、形式，由于其古老，有时变成了专制主义害怕打破的束缚人民的桎梏。正直保护恶意，是因为它把它当作善意；而伪善保护社会邪恶，是因为它认为社会邪恶有利于它自身的利益。善良、美德和同情心在没有被充分认知的时候，会把人引入歧途。我们不可能向众人行善举而不损害个别人的利益；
在劣政之下，当人们愿意为国家行善举时，往往会使很多人受到伤 84
害；如果只是依循情理，往往会招致大量的偏见。这就是为什么公众的真实朋友、流弊的改革者、最公正的国君和最明智的大臣通常只能矛盾地为那些不能领会善举的忘恩负义者工作的原因所在。[①]

思想上的懒惰也应该是法律原则改革的诸多障碍之一。人们看

① Horat: Ploravere, suis non respondere favorem speratum meritis.

到古老的习俗、各种各样的习惯、相互矛盾的各种法律乱作一团就心生畏惧，并认为要建立一个更加合理的立法团体，必须对各种法律进行了解、研究、清理、融合和修改。如果说要进行法律改革就必须做艰苦而无效的工作，那么，法律的改革就真的不可能进行了。

希望立法者或其下属避开大堆不成形的法律，努力编纂一部新
的法典，因为几百年来，无数人为了这些不成形的法律绞尽脑汁，
85 徒劳无果。希望他们摒弃那些荒唐地支配现代人行为的怪诞陈旧的
习俗；也希望他们不要顾及那些无谓的习惯，因为按照一位经验丰
富的法官的话说，这些习惯造成“每个国家，都存在两种公正，即
自然公正和民事公正，后者往往与前者相悖。”① 由此可见，同一个国
家的公民并没有相同的正义观；对正义的认识，审判官并不比被他
们审判的人更为深刻。总之，法律原则的改革者无需顾及不计其数
的法律汇编，它们只是由于古老而受到重视，被无知或懒惰奴态地
采纳，为专制政体所认可和习用；他们应该从人类本性、社会目标
和道德中直接获取永恒而正确的、能在社会生活各个方面给人以指
导的准则。

法律原则就是具有法律惩戒性的道德。正是立法和道德的融
86 合才使人们有了无可怀疑的原则，才认识到自己的社会职责；才知
道作为君主、臣民、大人物、小人物、贵族、法官、富人、穷人、配
偶、主人、侍从……该如何约束自己的行为。当每个公民都知道自
己对祖国、同胞和自己该负有何种责任的时候，就无需让法学家和

① 见吉东·德·莫维祖（M. Guiton de Morvzau）《讲演录》（*Discours*），第一卷，第55页，“关于律师的职责”。这位法官声称法国存在285部不同的法典。

法官来揭示自己的意图是否正确和合法了。自然公正和普遍正义是道德的基础，而且，这种道德应该指导法律原则：这样，道德就具有普遍性，因为它建立在所有人的共性基础之上，所以不承认契约依靠势力而规定的界限；它是对外政策的基础，因为国家也和个人一样，必须遵守同样的职责。总而言之，所有的法律必须以道德为基础方可完善，立法只是对道德的补充。

司法人员即便品行端正，才智出众，或许也不是最适合法律原
则改革的人：他们由于过多地考虑古老的规则、长期以来一直受到 87
尊重的法律和由悠久的习俗所确立的种种权利，往往对自然公正只能有犹豫不决的想法。①

比较达观、公正的法学家若不是苦心钻研古老的法律，徒劳地埋头于满是灰尘的宪章典籍汇编，而是研究人的本性、君主和臣民的权利以及把公民联系起来的相互职责，他们就会简化、压缩和修正法律原则，使其成为所有人都能理解的东西。为所有人制定的法律就应该是所有人都能理解的法律。玄妙莫测包裹着欺骗和虚假，而简单质朴才永远是真理的标志。

君主作为人民的保护者和领导者，应该为人民制定出所有服从
法律的人都能懂得的公正而简明的法律：如果他的法律呈现给人民 88
的只是谜语和陷阱，那他就是暴君；如果他不努力进行法律改革，法律往往只能造成法官的困惑和不公正，使诚实善良的公民变成一群饥饿的鸟身女妖（harpie），贪得无厌，那他就是可耻的渎职罪人。

① 据说，法国司法大臣达盖索先生（M. Daguesseau）让一些著名律师进行法律改革，结果20年一事无成。也许君主应该从全体有智慧的公民中选拔人才来做这件事情。

第七章　论神职人员的道德法则

既然一切都证实服从公正的法律就是遵守道德准则，那么，我们就不能怀疑神职人员也同样受到把全体公民和国家、国家和公民联系起来的法律的约束。

阿利安[1]说：“朱庇特[2]若不是有益于所有的人，他自己不能让人称他为诸神和人类之父。”实际上，如果上帝是人类的创造者，那么，人们应该设想上帝对人类是有爱心的，这是一个让人类幸福的设想：如果说上帝是一切正义、美德和道德之源，那他是希望社会能够美好。如果祭坛前的神职人员都是神的意志的表达者，那么，
89 上帝愿意他们告诉人们，他要求所有人都履行的职责，对于神职人员也不能例外。

根据这个原则，人们不可理所当然地对神父提出异议，因为他们不仅和其他公民一样受到应尽职责的约束，而且他们由于身份的原因，必须更加严格地履行职责。不讲道德的神父是背叛上帝的神职人员，因为上帝规定，他应该向所有人布讲道德准则。总而言

---

① 阿利安（Arrien，拉丁文：Flavius Arrianus，约95–约175），希腊历史学家和哲学家。——译者

② 朱庇特（Jupiter），罗马神话中的主神，相当于希腊的宙斯，是天空的主宰。朱庇特保佑人类并象征明确的道德观念。——译者

之，按照宗教的受道德约束的原则，任何作恶多端的神父，任何违犯其国家正义的法律的神父，任何忘恩负义、狂妄自大、拒绝援助自己祖国、无益于自己同胞的神父，都是渎职者；神职人员若不虔诚，背叛了上帝，就可被怀疑是没有宗教信仰，没有神权意识的人。

道德立法有权提醒所有人不要因为自己的欲望或个人利益而背离自己的义务；这样的立法表达了神的旨意。也许正是在这个意义上，我们应该明白，“所有受到严格约束的权力均来自于神”；[①]而
所有不受约束的权力都不是来自于神，是腐化堕落分子的作品，显 90
然只是僭取来的权力，是受到上帝谴责的真正的暴政，会被人们骂作披着上帝的外衣亵渎神明。

只有建立在正义基础之上的权利才是真正的权利（droit）；只有有益于全社会的权力才是正当的权力（autorité）。既然上帝被认为是至高无上的正义，那他授予的权利只符合公正与社会福祉，因此，所谓神权（droits divins）或来自于神的权利永远不可能有悖于社会福祉。

长期以来被欧洲所有民族接受的基督教分成许多派别，但是，它们一致认为基督教的原始优势和神性在于道德的美好，在于它为社会生活谋利益，对公民习俗的影响和对家庭美德的宣传。这种律法被尊称为天条，它就是基于它所宣传的教义是完美的；由此我
们可以得出结论说，真正符合道德和正义的法律就是神律和宗教法 91
规，所以，它有权像惩处所有公民那样来惩处神职人员。人法只要

① 拉丁文：Omnis petestas a Deo ordinata est。见圣・保罗。

是正义的，就应该认为符合神法：服从上帝就是服从这种法律。当基督教宣称“与其服从于人，不如服从于上帝”时，它旨在教导人们，与其服从于专制的法律，不如服从于正义的法律，因为前者是人为的非正义作品。当神职人员在为服从人法而祈求原谅时，他们嘴里说“与其服从于人，不如服从于上帝”，他们是在以这样的格言告诉人们，人法只能让人服从正确的东西，不应该服从非正义的法律；每一个基督徒都必须抵制暴君的意志，因为这时人的意志是非正义的，有悖于我们所认为的上帝的意志。

这些简单的思考向我们表明，在一个恰当地建立起来的国家里，实际上不可能存在两种对立的教规或法律。人法只要是公正的
92 法律，那它就应该被信仰一切正义源自上帝的教徒们视为神法；另一方面，一切不公正的法律由于有悖于公共利益，就不可能被认为是神法，它们只能是人的欺诈之作，为了个人利益而违背社会总体利益，遵照神的意愿，国家一切领域都必须共同致力于社会总体利益的发展。

假定如此，在基督教国家被称作《集会书经》(*ecclésiastique*)或《教会法》(*Droit canon*)的法律原则就不会违背正义、道德和社会利益，因为那不是上帝的意愿，因为上帝不赞成非正义或不道德，不愿意神职人员无用于或有害于自己的祖国；上帝希望神父是好公民，以他们自己的品行和日课传播美德，唤起人们憎恶恶习的情感；上帝希望他们救助穷人，照顾病人，减轻人们的疾苦，以自己的谦恭、温和、节欲、纯洁和轻视钱财、崇尚美德、爱好和平、慈祥和
93 善而拔类超群。由此可见，神法加于神职人员的职责和普遍道德规定所有社会成员应尽的职责是完全一样的；如果神法与这种用以判

断神父的行为，决定《教会法》和国家让神职人员享有的豁免权、特权、优先权和各种利益是否公正有益的道德相违背的话，那它就绝对不具有神的性质了。

人们曾看到，基督教国家在数百年当中被无休止的神圣罗马帝国与僧侣之间的权力之争搅得动荡不安，究其原因正是由于无视如此明晰的道德原则。神父一旦放弃了宗教谦恭平和的道德原则，就意欲自封为王，拥有王权，让民事和世俗法规服从于由他的野心和利益构成的宗教和教会的法规。教皇是上帝在人间的代表，如果总是一副盛气凌人、不可一世的样子，那他可能忘记了他的骄傲和统治欲必定会受到上帝的谴责。罗马教皇作为无数基督教徒的精神领袖，没有注意到他们的裁定权不能扩展到物体、物质财产、国家和世俗生活的事情：总之，他们没有看到，他们在竭力使教徒们摆脱民事立法的约束和合法君主的权力的同时，在使他们走
向放纵，成为忘恩负义的、对社会无用的、让人讨厌的坏公民，而 94
社会却在保护他们，给他们提供衣食，让他们丰衣足食，显赫地生活。

另外，也正是由于无视基督教的社会准则，神父们才有时在骄傲和虚荣心的作祟下，在自己的门生基督徒和追随别的神父的基督徒之间挑起仇恨。暴戾恣睢的宗教狂热分子常常迫使君主对那些只因不信借助国君宠信而狐假虎威的神父的公民加以迫害、折磨，甚至在苦刑中夺去他们的生命。这些鲁莽的人被某种错误的虔诚所蒙蔽，或者被某种不当利益所诱惑，他们并没有看到，他们武装权力对付弱势对手，一旦弱势对手变成最强大的对手，这种权力也会被

用来对付他们自己。[①]

95 劝导排斥异教，就是点燃整个世界。事实上，如果法国、西班牙和葡萄牙等国的国王想要有权迫害或苛待自己国家的异教徒和新教徒的话，那么，他们就不能拒绝英国、瑞典和普鲁士的国王有权在他们的国家以同样的方式来对待罗马天主教教徒。按照他们的观点，那土耳其、蒙古的君主和中国的皇帝就无可争辩地也有权绞死他们国家所有的基督徒。那些劝导排斥异教的神职人员，在劝说君主限制信仰自由、消除异教的时候是否认真考虑过，既反基督教又反社会，足以使世界充满动乱和杀戮的教义会带来怎样的结果？明智的政府绝不能容忍狂人、危险分子或谋求私利的凶残的骗子们的言论，他们煽动公民因为宗教信仰不同而相互仇视。在神学语言里，爱德[②]仅仅是人道或道德上的善举，如果说它是基督教的基本
96 德行的话，恐怕真正的基督徒为数并不多，甚至在自诩是基督教的出众人物和拥护者当中。秉性丑陋的人使他们的信仰令人怀疑，使宗教令人憎恶，他们让人把宗教看作是一种工具，这种工具在他们手里只服务于他们的野心、贪婪和仇恨，牺牲的却是国家和君主的安宁：君主应该给宗教和神职人员洗刷嫌疑，因为这些嫌疑会损害宗教和神职人员的名誉，使之成为被人憎恶的对象。难道国君和神父们永远意识不到以暴力征服不了思想，靠酷刑和严厉不可能让人

---

① 哥特（Goths）国王狄奥多里克（Theodoric）曾迫使教皇约翰（Jean）要求皇帝朱斯坦（Justin）停止对雅利安人（？）（Arriens）的迫害，同时威胁他要让他的国家的天主教徒遭受同样的迫害，这位战士说：“因为迫害的权利或者属于所有的国君，或者不属于任何一个国君。”

② 爱德（charité），基督教三德之一，即信仰（foi），希望（espérance），爱德（charité）。——译者

爱戴吗?

一个公正、人道的基督徒君主，首先应该关心的是在他的国家消除排斥异教的思想，停止一切压迫和迫害。政府有责任抑制公民的情绪，而不是对他们的恶行或狂言推波助澜。符合道德和宗教的法律不是挖空心思想出来的，它永远不会涉及信条的争论或留给神学家研究的神秘，它只涉及人们的社会行为，阻止每一个公民企图以个人行为扰乱国家安宁。对于国家来说，建立和谐与团结要比建 97
立各种制度更为重要，因为制度往往是那些病态的智囊们编制出来的。对于社会来说，做得好要比想得好更为重要。

也许有人会说，宗教思想影响人们的行为，但是，经验一直否认这种说法的真实性：它向我们证实，占统治地位的宗教教徒往往不比那些受压制的或只被宽许存在的宗派的公民更规矩或更优秀。这种经验说明，人的思想信念可以很正统，但生活习惯可能会很放纵。总之，一切都说明，狂热的、排斥异教的、不人道的笃信宗教者的行为对自己同胞的危害远大于最坚定的无宗教信仰者的观念或著作，因为后者的观念或著作只适合极少数人，不被大多数人所接受。法国的神父有权向参加日课的人们公开宣传其道德准则；但是，无宗教信仰者却是秘密地、有针对性地向极少数不会扰乱国家 98
安宁的公民或学者们传播思想。[①] 不信仰宗教者人数在不断扩大，

① 在新近巴黎出版的《克莱芒十四世教皇信札》(*Lettres du Pape Clément XIV*) 中，我们看出，基督教宽容的道德原则以最明确和最有说服力的方式得到了规定。这位博学而仁慈的教皇让人看到了一个排斥异教的笃信宗教者与一个真正的基督徒之间的不同。他说："当人们仅仅把一种无知的虔信作为行动准则时，人们没有行善却以为自己在行善，这一点都不为过"(见克莱芒十四世信札

这应归因于排斥异教的思想和某些神职人员的品行不大符合社会生活准则。

99 不信仰宗教者是拒绝一切启示宗教的人。如果他们中大部分人坚持自己的立场只是为了摆脱束缚自己欲望的枷锁，那他们就根本没有自然道德的思想，因为自然道德和宗教道德一样，都是与应该受到法律惩罚的堕落与恶习相对立的。但是，有一大批善良的思想家拒绝承认宗教信仰权，或否认其神圣起源，因为他们认为神职人员把违背人们道德和幸福的语言归于上帝。神职人员唯有通过布讲更加符合神性和道德的行为准则才有可能引导人们，因为人们认为这些行为准则体现了神的智慧和神对人的爱。如果神仅因人们犯了一些非故意的错误就将之置于死地，这样的神触动不了那些善良的不信仰宗教者的心灵。没有正义和善心的神显得与人们心目中神的完美无缺是截然不同的，这样的神会使那些无法将排斥异教的教理

之二十七）。赞成宽容的马赛主教撒尔维安（Salvien）的一段话也很好地证实了这一点。他说："这是些异教徒，但他们对此并不知道，这是我们的想法，而不是他们的想法，因为他们自信是天主教教徒，他们把我们称作异教徒：因此，他们在我们心里是什么，我们在他们心里就是什么……真实性在我们这边，但他们认为在他们那边；我们敬重上帝，他们认为自己的信仰更敬重上帝；他们失职，但他们把自己的职责放在自己的行为方式上；这是些无宗教信仰的人，但他们认为自己有真正的怜悯心；他们错了，但那是善意的错，不是因为仇恨，而是因为对上帝的爱，他们以为以这样的方式才是对上帝的无比热爱和尊敬；他们没有真正的信仰，但他们确信自己对上帝有真正的、完美的爱。神（Juge suprême）是唯一知道在最后审判日他们会由于错误的思想而受到怎样的惩罚的：在等待审判到来的日子里，上帝会耐心地宽容他们。"见 Salvian. De Gubern. Lib. V。

这是每一个真正的基督徒，尤其是神职人员的领袖人物，所应该有的温和情操：一旦他们走向反面，政府应该让他们恢复这种情操，强制他们去体验合乎福音的温和，福音不允许虔诚的教徒是一个坏公民。

和神的特性融合在一起的思想家走向无神论。总而言之，排斥异教 100
的神父们的原则只会让那些对道德和社交准则有真实想法的人把这些思想家要么看作骗子，要么看作疯子。

因此，我们说神法永远符合良好的道德和真正的政治，它使得（甚至指示）立法者可以要求和约束神职人员安静地生活在一个养育和保护他们的国度里，并以实际服务和忠于职守报效祖国。

由于身份的原因，神父是年轻人的教育者、美德的讲道者和道德准则的宣传者，也是产生于欧洲各国的道德家；他们由于从事着有益于社会的职业，获得了各国社会的尊敬、尊重和恩德。如果至今他们的工作没有做出人们所期待的成效，那往往是由于政府的工作不够细致，使他们懒散和怠惰；或由于他们过多地专注于教义而
忽略了道德；或由于最有才华的神职人员潜心于一些抽象的、高深 101
的、与大多数人并没有多大关系的学术辩论而忽略了与公众利益密切相关的事情。

以国家利益为重的开明君主会很好地发挥神职人员的才能。作为宗教俸禄和显职的分配者，国君能够使众多文人学者摒弃往往会引发社会不安的神学争论，去从事有益于公民的事业研究。我们完全有理由相信，对于不同的神职人员来说，职位决定他们的俸禄，在俸禄的激励之下，他们会努力掌握对祖国最有用的知识，放弃在众人眼里不大光彩的、令他们沮丧的好斗心理，从而养成更谦和、更符合社会交际的品德。

开明政府会在神职人员的帮助下繁荣所有有用的科学。国君若能合理分配教会既有的收益，不因新增开支而加重国家负担，会使祖国重新获得无数的儿童和已流失的人才。

102 一些欧洲国家的修道院建得非常奢华，如果那里的人懂得利用，可以获得不可估量的利益。为什么让那么多聚居修士沉沦于懈怠的生活状态中呢？这既给他们带来不幸，也使他们成为对社会无用的人。每一位修士都受过一定的教育，相对来说智力都比较高，因此，在一定程度上，他们是对社会有用的人。如果给予他们符合他们身份的报酬，让他们从倦怠萎靡状态中走出来，如果在他们已经麻木的心灵里激发起竞争的意识，为何不希望他们成为受人尊重的科学家和具有美好品德的公民呢？如果说修道院往往成为隐藏阴谋、纷争和恶习的巢穴，那是因为游手好闲很难不滋生堕落。重塑修士形象真正有效的办法就是让他们有事可做，激发他们的竞争意识。隐居生活有利于学习，对于勤勉者来说是一种乐趣。有事可做的人不像无所事事的人那样思谋害人和搞阴谋诡计。应该以有益的

103 工作取代无休止的祈祷。加图[①]曾说过："不是许愿和祈祷就能得到众神的佑护，同时还要关心工作，付诸行动，勤于思考。懒惰成性时祈求众神佑护是徒劳的，因为众神都憎恶懒惰。"[②]

在一个好政府的有序领导下，修道院很快就能变成学校，在那里，教师免费食宿，享有年薪；人们无须再担心青少年教育太具修道院性质，因为教师对应该教的知识必须有固定的教案。通过这种方法，聚居修士甚至可以借助基础教育来训练军人。如果有些修士

① 加图（Caton，拉丁文：Marcus Porcius Cato，公元前234－前149），罗马政治家、演说家、第一位重要的拉丁散文作家。著作有：《农书》（*De re rustica*）。——译者

② 这样真实的话语开始为那些愚昧的民族所感知：经教皇同意，波兰人废除了一年中的29个节日。新教国家比罗马天主教国家每年多一个多月的节日。因此，讲游手好闲造成酗酒和社会不安是无济于事的。

不能向青少年教授他们将来从事不同职业所要求的实践课，至少他们可以教授理论课程；尤其可以让青少年尽早地养成遵守道德的习
惯，人一生不论从事什么职业，道德准则都是相同的。历史、物理、 104
几何、天文、地理等课程可以用好的基础知识课本在修道院里教授，这要比在坐落于腐朽放荡的城市中心的学校里授课好得多。[①]

修士无用武之地是由政府的错误造成的。同样的情况，女修院办那么多女子寄宿学校，不管好坏，它们至少承担起了对女孩子的教育：学校的房屋就是托儿所，父母亲可以让孩子在这里安全地度过几年的时间。现在的少女将来总有一天成为母亲，成为公民，如果她们在这样的僻静之地学不到任何有用的知识，如果人们丝毫不关心培养她们的品质，充实她们的思想，那就是君主的失职，必须对之提出批评。他们似乎不懂得利用这么多教会学校来向女性传播

必要的知识，激发修女们的竞争意识，嘉奖认真实现政府意图的杰 105

出修女。女人由于器官的薄弱，不易接受抽象的知识和适合男人的高深的推理性学习，但是，她们心地善良，思维敏捷，富于想象，这使她们非常乐于接受触动她们心灵的情感。因此，对她们反复进行人道、怜悯、善行方面的道德教育是很容易的事情：可以让她们养成温和、爱劳动、有耐心的习惯，这些美德对于她们往后成为家庭的妻子和母亲来说是十分必要的；可以让她们尽早提防会给她们未来生活带来不幸的欲念和缺点的形成；可以让她们养成阅读的习惯，至少培养她们对知识的兴趣和求知的欲望，扎实的知识能够有

① 本笃修会（L’Ordre des Bénédictins）培养了很多令人尊敬的学者。如果他们的研究对象放在比证书、学历和圣徒阅历更为有用的方面，他们会成为社会最珍贵的人才。

效地给她们带来快乐，使她们变得持重端庄，受人尊敬，避免女人
106 往往会在社会中面对的忧虑。由于缺乏正确的教育，人类有一半最可爱的人通常都在无为和忧虑中煎熬，几乎成为无用的人，她们对自己的责任一无所知，只关心无聊的日常琐事；她们自甘堕落，最终常常给社会造成危害。妇女教育值得引起立法者的极大关注：通过良好的教育，使她们更聪慧，更幸福，这样，男人们才会更优秀。

由于政府的疏忽，修道院不仅无益于国家，甚至保障不了隐居者们的生活。专横是修道院管理的基本原则，这种不公平的、任性的管理只能培养奴才和统治不幸的人们，我们应该从中看到灵魂的屈辱和奴役的状态带来的一切弊病：悲观抑郁的情绪、搞阴谋诡计的品性、频繁出现的纷争、尤其是伴随人们终生的、笼罩着隐修院的悲伤。经验告诉我们，修道院的专横暴虐无比残酷，施暴者往往从未受过人道、同情、怜悯和任何社会公德的教育。[①]

107 公正的政府不该容忍它的国家有任何暴虐。修士和每个公民都有维护法律的权利；法律应该使他们避免遭受窃权伤害他们的专横暴虐，更确切地说，法律应该废除一切轻率誓愿[②]，因为，这些誓愿使青春似火的青年在没有任何经验的年龄就与各种教规终身连在一起，而这些教规与他的秉性或幸福完全不相容，有悖于主张崇拜行善之神的宗教精神。因此，立法者甚至要遵照基督教的精神，把自由还给那些被监禁在阴森的修道院拱穹下呻吟的男男女女。强迫的

① 我们知道，所有的修道院都有可怕的监狱，修道院院长若不喜欢某位修士，可以任性地将其终身监禁。频繁出现的例子证明，这些暴虐的受害者往往会在这种监牢里煎熬地度过很多年，即使生命垂危也未能获释。

② 指进修道院时所发的贫修、贞洁、从顺等誓愿。——译者

尊敬不会讨上帝喜欢。

许多父母为了某个宠爱的孩子能有更好的运气，强迫腼腆羞
怯的女孩子终身在女修院里过隐修生活，还有什么比这更残忍、更 108
令人憎恶的吗？难道法律不应该严惩这些野蛮地滥用父权的暴君吗？[①]不应该根据这些受到非人道对待的孩子们的控诉，废除这种由于畏惧而被迫发的誓愿吗？不应该要求不称职的父母必须为这些非正义的受害者提供生活必需品，并把他们置于社会的保护之下吗？

总而言之，善意的立法应该让每个人都回归社会，因为虔诚很少顾及他们的利益，引诱或暴力一直在怂恿他们过一种只能带给他们痛苦和眼泪的生活。如果修道院只是摆脱桎梏获得自由的人的隐逸之地，那它们可能会成为神最喜爱，人最有用的地方。那样，修道院就不再是监狱，而是隐居的场所，虔诚好学的修士可以在里面
过清静的生活，从而摆脱世俗生活的烦恼，只要他们感到这种安静 109
生活是幸福的。[②]这样一来，修道院就成为诚实善良公民绝好的资源了，因为他们不奢求财富，只想远离社会喧嚣和堕落，过清静恬淡的生活。

① 关于这个问题，请参见德·拉哈扑（M. de la Harpe）感人的悲剧《梅勒妮》（*Mélanie*）。

② 荷兰的城市都有这类为妇女们而建的修道院，以 Béguinages（不发愿修女的修道院）为名，很有名，人们如果愿意结婚或过世俗生活，可以走出修道院。在几乎所有的罗马天主教国家，人们可以许诺约束自由 16 年，但大部分人被戒律规定在 25 年。这种不合情理的规定甚至是违反教规的。506 年，由圣-塞泽尔·达尔勒（S. Cesaire d’Arles）主教主持召开的阿格德（Adge）主教会议决定，不得给予小于 40 岁的修女修女头巾。教皇莱昂在《法规》（Canon）中也禁止此事。

我们在此不研究**神父独身**的问题，因为在这个问题上基督教并不统一。我们只是指出，婚姻是使人们和祖国联系最紧密的纽带，也是使习俗能够保持下来的关键。我们之所以看到某些国家有那么多荒淫丑恶的修女和神父，是因为人与本性的斗争是徒劳的，人的
110 本性永远比有悖于它的教育更强大。一位基督教传教士说：“与其激情燃烧，不如结婚。”这样一个结论似乎对宗教并没有什么伤害，倒是给每位基督教立法者以最符合社会利益的行为自由。

不公正现象的存在极其普遍，因此，最有用、最勤勉的神职人员往往既不是最受尊敬，也不是薪俸最高者。在许多基督教国家，走上显耀的宗教职位不是靠学识和品德，而是靠出身，往往还靠恶习、无知和怠惰。有些高级神父在城里可耻地摆阔炫富，以幼稚的行为吸引人们的注意，目的就是要引起公民重视他们的职位。许多牧师从来不屑到教徒当中居住，他们认为教徒应该在他们之下进行自我教育，他们似乎鄙视教徒的社会地位，使这种地位在别人眼里不被尊重，让这样的牧师布讲教理，还能指望有什么好的效果吗？严肃认真的立法难道不应该强迫神职人员扎根于他们分管教区的教
111 民之中，传播善心、树立榜样、进行训诫，并规定一旦拒绝履行职责和义务就拿不到相应的薪俸吗？有些人享受政府的恩惠却不愿意为政府做任何事情，国家首脑竟然放弃对他们处罚，这对自己的权力疏忽到何等地步？难道修会能够允许那些在国民面前败坏它名誉的神职人员终身任职吗？

如果说严格履职的牧师只让民众服从其修会的法律，那么，修会会受到鄙视。牧师往往过着清贫的生活，政府尤其应该予以关注，通过奖赏给予鼓励，使他们在不卑不亢甚至能救济贫穷的状态

下生活。正是这些受到上司们鄙视或蛮横对待的人才往往值得民众信赖，政府可以有效地使用，让他们成为道德的宣传者，德行的先行者。

某些政论作家曾认为，为了国家的利益，君主应该收回过去慷慨赐予神职人员的财产。至少，这些巨额财产如果掌握在一个公正 112
的政府手里，君主无疑可以用以救济穷人，建立很多有益的、符合社会信仰（religion sociale）的学校。最后，我不能怀疑，凡雇佣的神职人员，因为他们是根据对祖国所尽的实际服务而被雇佣，会变得更有教养、更忠于职守、更平易近人、更受人尊重。[①]

① 最近几年，俄国女皇叶卡捷琳娜二世收回了帝国神职人员的所有财产；主教、神父和修士的薪俸全部由国库支付。

第八章　论富人和穷人的道德法则

亚里士多德说："自由的人是懂得合理使用自己财富的人。"但是，这里的**合理使用**是什么意思呢？这是行善于自己的同类。善行
113 是富人的正义或美德：立法者应该鼓励履行这种义务。当富人以他的富裕惠及自己同胞时，他只是偿还一笔债务。对于国家来说，最富有的公民就好像分布在各地的一座座蓄水池，可以用来灌溉由于盛夏的酷热而干旱的土地。这些蓄水池的水一旦成为不流动的死水，就会变质，恶臭的雾气会散发到远方。

正如有人在别处所说，大富翁通常都是不公正、残忍和暴力的结果；公正的法律绝不能允许这种手段，它应该把这种恐怖政治留给亚洲的暴君们，他们允许下属通过最残忍的手段致富，其目的在于等到他们充分吸足了民众的养分时掠夺他们的财产。欧洲国家的某些政府很好地遵循了东方专制主义这些丑恶的原则：我们看到，一些贪婪的国君也为自己规定原则，让某些宠臣吸食公民的血汗而发家致富，为的是在这些社会寄生虫身上找到便捷而快速满足自己
114 贪欲的方法。轻率的政府就这样通过让冷酷无情的人野蛮征收间接税，毁掉了最强大的国家，而且使自身也处于少数贪赃枉法者的控制之下，而这些人不受处罚地抢劫祖国的无耻特权正是政府赋予他们的。

每个正直而敏感的灵魂都不免对如此轻率的行为悲叹。君主作为人民的保护者，挑动一部分臣民攻击其他臣民，而且以他的法律来约束后者，迫使他们听任掠夺，这样的政府，更确切地说，这种政治上的无政府状态，人们会对它有怎样的想法呢？不过，这种类似谵妄的行为表明富人的欲望反映在大多数国君的身上：专制主义使他们习惯于随心所欲；轻率而无休止的战争、宫廷的奢华与贪婪使国库枯竭；国家的普通税收入不敷出，贪婪每时每刻都在巧立名目，创造新的税种，人民不堪重负；在这种情况下，国家毫无防范地任凭个别几个盗贼接连不断地窃夺，他们在国家残垣断壁的废墟上繁荣发达，获得成功；他们在国君的认可下把国家彻底毁灭。

无数帝国被专制主义的任性、君主的贪婪、富人的欲望、奢华 115
的浪费和风俗的败坏所摧毁，难道前车之鉴永远不能让国君认识到，正义、节制、节约是国家大厦的重要支柱，没有这些支柱大厦会倒塌吗？富裕使他们麻木，奢华的宫廷假象使他们目眩神迷，他们永远不能对生活在水深火热之中的民众有一丝怜悯吗？看到周围朝臣衣轻乘肥，锦衣玉食，或看到依靠无耻的掠夺在民族幸福的废墟上建立起来的宫殿，就以为自己是真正强大的国君吗？最后，当外省各地到处都是萎靡不振、由于长期遭受压迫而绝望的农耕者时，浑噩的君主还对自己的权力和财富充满自信吗？

损害人民利益的君主使其债务人失去清偿能力。[①] 国君只有公正地治理国家，使穷人勤劳，富人仁慈，自己才能富有和强大。公
正是国君的美德，慷慨和慈善是穷人的美德。只有这些美德的相互 116

① 这种思想源自于圣皮埃尔（S. Pierre）神父。

协作才能创造社会和个人的幸福。君主公正就能公平对待每个臣民；就可以要求国家各行各业为了全社会的利益，各尽其责，密切协作：领主、贵族和富人行善济贫；穷人为国君、富人和领主效力，这种效力远不是使他们受歧视和侮辱，反而要使他们享有合法的权利，得到友情和感激。亚里士多德说："穷人爱富人是为了利益；富人应该爱穷人是因为得到了穷人的服务。"①

但成功使人忘恩：富有使人自负和傲慢，使人忘记自己对穷人的付出尚有亏欠。领主、富人和贵族普遍不公地虐待穷人，因为他们这样做时常常不受惩罚。对这种忘恩负义的、只有劣政才准许存
117 在的不公正行为，法律应该给予惩处。亚里士多德有道理地说："国王的产生只是为了主持正义，这种正义旨在阻止富人遭百姓的压制，并使百姓免受富人的不公正对待。"② 国君由于过于忠实地履行亚氏所说的第一种职责，以致通常不履行第二种职责；他们的法律由于过分向富人倾斜，所以，穷人似乎必须听任富人摆布。

人与人之间财富的巨大差异是重大社会疾病之根源；因此，执政者必须对此高度关注。要想让国家国泰民安，不仅政府要遏制这种通过不正当的可耻手段快速形成的、普遍依靠牺牲国君和国民利益来实现的巨额财富；而且立法要严格防止国家财富和财产积聚到少数人手里。国家利益永远和大多数人联系在一起；它要求民众勤劳、敬业，同时过上富裕的生活，因为只有他们富裕了，才能向祖
118 国提供援助。祖国，对于一无所有、生存没有保障的人来说，是没

① 见亚里士多德:《伦理学》，第 5 卷（*Ethic.* Lib. V）。

② 见亚里士多德:《政治学》，第 8 卷（*Politic.* LIB VIII）。

有一点意义的；对于那些祖国就像后母一样，既不保护他们，又不给他们生存所需的人来说，祖国是无足轻重的。

我要说的是，富人已经计划好要像强盗一样掠夺土地为他们所用，他们不满足于他们的豪华宅第，他们想占有一切：开阔的花园、广阔的猎场、大片的森林、一眼看不到尽头的林荫道。[1]我们看到，他们忙于聚集财产，继续获得财富；他们想把自己的土地变得像若干个外省那么大，可是用不了多久，由于厌倦、玩忽、贪婪和无能，就会撒手不管，使之成为无论对于他们自己，还是对于国家，都毫无利益的荒野。所有不耕种的土地都应归还普通民众，交给那些能够利用这些土地为自己和社会创造价值的人们。

更加公正和更加明智的立法至少应该反对这样僭取富裕，[2]富裕总是想要没有的东西，反感或厌恶已有的东西。多余的财富在富人 119
手里被浪费，不大向富人倾斜的政府会从中认识到有效利用无数穷人劳动力的意义；穷人一无所有，无法养活自己，就会通过盗窃和凶杀来寻找简单的生存之路。他们由于遭受赋税重压、富人剥削、主人虐待、无情拒绝，而且普遍缺乏道德原则，所以把怨气发向社会，向社会宣战；他们通过犯罪来报复不公，或为了不被饿死，或为了满足从富人那里染上的恶习，常常会拿自己的生命冒险。

贫穷常常成为当权者随意和任性的取笑对象，它要么使人绝望，要么使人变得疯狂。看到百姓那么卑贱，那么不顾廉耻，动不

① 政府竟然对狩猎权给国家造成的损失毫无察觉，这是不可思议的事情。政府给予贵族这样的权利，这对农耕者来说是毁灭性的。为了取悦富人而牺牲农业，这是不值得的事情！

② 这里指通过掠夺财富而致富。——译者

动为了一点肮脏不堪的利益就去做坏事，我们觉得不可思议，但是，政府根本不秉公办事，对富人和领主们的过激行为置若罔闻，
120 不加以制止或处罚，穷人的心理承受能力被彻底摧毁，想到这里，也就不足为奇了。穷人自卑，因为他们觉得自己是众人鄙视和嫌恶的对象；穷人憎恨富人和所有高于自己的人，因为他们把这些人看作敌人和没有怜悯心的人；穷人憎恨权力，因为他们认为权力只被用来压迫他们，而不是帮助和保护他们。

这些缺陷和流弊在君主政体下表现得尤为突出，因为在这样的政体下，人与人之间的地位和财富极不平等：正因为这样，政府和法律应该主持公道，制止仗势欺人，惩罚富人蛮横无理的行为。在共和制自由国家里，相对而言人们没有那么不平等，老百姓相互尊重，没有畏惧，因为他们知道法律会保护他们。毫无疑问，任何国家的职能都应该是：公正地保护弱者、穷人和地位低微的人，反对强者、富人和地位高者的侵害，因为对于后者来说，法律的保护相
121 对不像前者那么必要。好的国王并不是只偏爱达官显贵，而是为全体人民谋利益，王权一旦疏于对财富和权势加以控制，人民的利益就会受到这两者的竭力压制。不公正和免于处罚到处都被视为特权。

公正的政府会阻止富人侵占一切，使穷人能够获得并加工和安全享受自己辛勤劳动的果实；为此，它会降低穷人不堪重负的赋税；使卑微的农耕人免受傲慢的当权者和贪婪的勒索者的欺辱；只有这样，立法者才有可能纠正民众的恶习，培养诚实善良的公民，消除行乞，减少犯罪。为了使平民和穷人变得习性温和，必须抑制达官显贵的自负和不公正行为。在一个极不公正的政府下，别指望有好

的公民，只能有傲慢无礼的压迫者和在沉重枷锁下煎熬或彻底心灰意冷的被压迫者。

既然我们相信国家利益完全不是财富积累到少数家庭或个人 122
的手里；既然我们相信一百个勤劳能干的公民比一个利欲熏心、作恶多端的富人更有益于社会，那么，明智的立法不该遏制和预防巨大财富聚集吗？不应该废除不公正的、野蛮的、以维持贵族家族辉煌为借口，把全部地产判给长子，剥夺其兄弟姐妹继承父亲财产的权利的习惯法吗？难道我们不该对目的只在于阻止家庭财产分割的**代替继承**和**封建制的收回财产所有权**持同样的态度吗？一个家庭或一个贵族炫耀自己的虚荣和堕落生活，对于社会来说无关紧要，但对于一个民族来说，废除不公正的法律，用优待一人的财物来维持许多公民的基本生活，这是至关重要的。[①]

人们普遍认为财富败坏道德。由此应该得出结论说，许多政府
之所以都不重视道德，是因为他们认为道德并不能给国家带来福 123
运；人们尤其看到，这些政府所关心的是如何在国民心中激发起他们对财富的欲望，如何每天努力开辟新的途径，大量增加国家的财富，这就使得这一认识更得到了印证。我们眼见一些政治家只向他们的同胞讲述新的商业门类、赚钱的行当、获益的征服，这说明这些投机家并不因为道德缺失而良心不安，他们认为，自己的祖国把全世界的财富搬到自己国家福运无比。然而，我们必须相信，如果诸神一气之下满足了他们荒诞的欲望，那么，他们的国家不但不会

① 土地被分成若干小的收益分成制租地是有利于国家的，这些租地养活许多家庭，超过大的农场。在英国，大规模的农场往往使农场主变成土地垄断者。

成为一个幸运之岛，反而会成为腐败、纷争、贪财、哀愁和烦恼[1]的滞留之地，而且随之而至的将永远是道德的沦丧。

124 君主若高度看重财富，那就犯了莫大的错误，因为他在人们心灵深处普遍激起动荡，而要平息这种动荡，除非社会付出毁灭性代价。贪婪是一种非社会性的欲望，是耻辱和自私的，它与真正的爱国主义、爱公共财产，甚至真正的自由都不可相容。人若染上这种肮脏的习气，一定会变卖掉全部家产，只需要商谈价格而已。但是，若国家也这样，不看重荣誉，一切拿金钱来说话，那政府永远都不会富裕到足以支付人们对国家的服务。荣誉——真正的荣誉——与美德分不开，哪里有美德，哪里才有荣誉。堕落的人群不可能长期享有自由；只有高尚而公正无私的人们才能享受并捍卫自由。

商业能为公民提供处理自己产品的手段，因此受到每个以国民幸福为己任的政府的重视：在这方面，立法者所创立的好的法律在于保护商业，给予商业以最大的自由。但是，如果说政府应该保护确实有益的商业，保护能使国家以多余的产品换取它必须从外国人
125 那里得到的必需物资的商业的话，那么，政府就不能为了无益和有害商业的利益而牺牲有益商业的利益，因为无益和有害商业只是以毫无价值的奢华和虚荣为对象：它们只会使国民腐化堕落。对国家有用的商人是可贵的人才，值得政府给予鼓励；奢侈品商人和手工艺人都是向公众投放毒品的人，他们那些迷人漂亮的东西把不良习气和挥霍带到了各地。我们可以把他们比作想轻而易举地征服野蛮

① 英国人是欧洲最富有也是最伤感的人民。自由甚至不能使他们享受快乐，他们害怕失去自由，因为在他们国家，一切都商业化了。

民族的航海家：他们把武器、刀具和烧酒带给男人；把项链、镜子和毫无价值的玩具带给女人。

总之，为了界定概念，我们把给国民带来生存的基本需求、甚至舒适和娱乐所必需物品的商业称之为**有益商业**；把只向公民提供实际生活不需要的、只用于满足他们虚荣的非现实需求物品的商业称之为**奢侈品商业**或**无益**和**有害商业**。立法者若支持致命的欲望， 126
那是极其轻率的行为，若他不能遏制或惩罚这种欲望，至少永远不应该予以鼓励。

君主对奢侈品最轻的处罚就是对其征税，证明自己对奢侈品有着最鲜明的鄙视态度。奢侈品税只会落在富人头上，并不会伤害到穷人，因此，对奢侈品征税是正确之举。对富人而言，他们也不会抱怨，因为奢侈品并不是绝对必需的物品，想要避免纳税，可以自己做主，放弃这些物品。虚荣心是奢侈品之母，是一种执拗的欲望，它最终或许让人认为，多纳税是富裕的象征，纳重税者会受到公众的尊敬。因此，对豪宅、花园、广阔的猎场、华贵的车辆、众多的侍从（被富人的炫富剥夺了学习文化的机会）和无数的马匹征收捐税，无疑会给国家创造更可观的收入。

但是，在那些传染了奢侈病的国家里，本身是要医治这种疾病的医生却比别人更严重地染上了这种病，他们认为这是一种不可接触的“**圣病**”；他们宁愿一个不能满足敲诈者的农夫卖掉一张简 127
陋的床，也不愿强使一个收藏家以一幅画，或一个高级妓女以她曾经吸引情人的首饰和珠宝来抵付费用。奢侈品曾使某些地区的居民着迷，以致最实际的需要不得不让位于虚荣心的需要。有人禁食节俭，为的是能坐上华丽的四轮马车和穿上华贵的衣裳。

拥护奢侈生活者一定会说，富人的疯狂开销让穷人有了劳动的机会，从而使他们得以生存；但我要回答他们说，真正应该给予鼓励的穷人是从事农耕的农民，为了满足政府的需要，他们一直处于不堪重负的状态，奢侈生活不但不能给他们带来任何利益，反而经常抢走他们的劳动伙伴；这些人进城后加入到闲荡的侍从队伍，成为富人和达官显贵们乐意见到簇拥在身边的仆人。我仍要指出的是，奢侈生活也使穷人堕落，使他们变得懒惰，让他们萌生了许多需求，而对于他们来说，要满足这些需求，除非去冒险或犯罪。那
128 些只靠虚荣或疯狂幻想而生存的人往往都是很不正派的人。城市居民的奢侈或虚荣一旦侵袭到下层阶级，后果令人无比惋惜。正是这种奢侈使无数商人破产，而这种破产又不能像由于不可预见的灾难所造成的破产那样得到法律的宽容。正是一些主人的自负使得城市到处充斥着玩世不恭的仆人，他们也效仿主人的自负，把荒淫、嗜赌和虚荣心带到乡村。正是这些由奢侈养成的恶习最终使无数不幸的人走上绞架，使无数少女走上卖淫的道路。

因此，对于一个好政府来说，最值得重视的是遏制公民日益增长的虚荣心，鼓励他们量入为出，根据自己的实际能力而生活。如果确实需要给予“奢侈”一词一个人们长期以来一直寻求的准确定义的话，我似乎可以说，*奢侈是一种因妒忌而产生的虚荣，它使有妒忌心理的人竭尽全力伪造自己，相互攀比，甚至不顾自己的状况*
129 *和能力，以无用的消费相互追赶超越*。按照我以往的观点，这样来界定“奢侈”一词似乎是贴切的。君主若贪图虚荣，出于炫耀，兴建宫殿，装潢宫廷，在收入不允许的情况下增养更多的军队，就是在祸害自己的国家。一个普通百姓身着锦绣绸缎走在大街上，这

种相对普通的奢侈虽然也会受到人们的指责，但他和前者是不一样的，他只是由于我们的眼睛尚没有习惯，觉得可笑而已；前者则不同，他无谓挥霍，这种荒唐行为是有罪过的，显然应该受到谴责，因为他所挥霍的钱财本该用在造福于臣民所必需的有益的事业方面。

君主的奢侈对于国家来说是最大的不幸。在这方面，任何公正政体的基本法则都应该遏制那些由于身份而注定要抑制他人情感的人普遍具有的虚荣心。君主政体历来被认为是最容易滋生和助长奢
修的政体。那些职位能接近君主的人竭力效仿奢侈的生活，他们普 130
遍都声称这是为了君主的荣誉，或为了让君主高兴；实际上，他们挥霍的目的是为了让自己有别于普通民众，因为他们的虚荣心不愿看到他们混同于百姓。富人虽然社会地位低，但他们愿意效仿朝臣达官，因为后者拥有的权力使他们敬畏。总之，社会地位不高的公民竭尽所能效仿地位比自己高的人，目的是为了像他们那样享受一时的快乐，或至少为了摆脱因贫困而常常受到来自别人的鄙视和侮辱。奢侈进入共和政体相对缓慢一些，因为在共和制度下，平民不大畏惧上级，而且，上级人士也不允许享受人们看到流行于宫廷的那种奢华生活。

在一些富裕的国家，财富是唯一受尊敬的东西，贫穷是罪过，穷人总是被傲慢的富人所嫌弃，在不可一世的专制主义制度下，贫
穷和弱小普遍遭受欺压。如果更公正和人道的政体能够使高官显贵 131
们对比他们地位低的人多一些公正和亲善，少一些歧视的话，我们有理由相信，地位低的人不会被迫无奈去做超越自己能力范围的事情：那样，每个公民都相对满意自己的身份，不会想方设法以一种

自命不凡的样子去蒙骗别人，因为他们那样做的目的普遍都是努力让人相信他们具有（实际上没有）某些优势。

另外，达官们的凌辱性傲慢——小官们程度不同地效仿——是人们在某些地区大多数居民身上所看到的民族乖戾和怪癖的基本根源。大众所拙劣地效仿的骄傲自大、装腔作势、自命不凡，以及有时候使整个民族在外国人眼里受到鄙视的一切鲁莽、放肆的言行，显然都源自于宫廷。在一个染上虚荣流行病的国家里，明理的人只以为见到了表演哑剧、滑稽戏和喜剧的演员。没有人愿意自己是本
132 来的自己，每个人，直至佣人，都努力通过自己的行为举止让别人把自己看作一个重要的人。在自命不凡者身上，在纨绔子弟身上，在神经里充满傲慢与轻浮的自高自大者身上，我们很难看到有清醒的头脑和值得尊重的品格。

奢侈是一种欺骗，人们在这方面意气相投，互相欺骗，竟至常常自己欺骗自己。有时候，一个自命不凡的人最终自认为是重要人物。高级妓女意欲通过她的奢侈让众人把她看作有素养的女人，她的言谈举止常常表现出这种女人的气质。地位越是低微，人们就越想方设法通过一些高大或富有的外表符号来提高自己的地位。亚洲专制宫廷的达官显宦以华贵和无度的奢侈显示自己与众不同；在傲慢的苏丹面前，他们都是俯首帖耳的卑贱奴才，但在吃惊的地位卑微的人面前，都竭力将自己表现得是一个人物。真正的权势和威严无需借助奢华阔绰来赢得尊敬。好的国君应该受到尊敬，若把
133 这种尊敬归因于他的奢华，对他来说是令他汗颜的事情。浮华、头衔、华丽和妓女们称作“御坐般华贵”的东西往往只是为了在被统治者面前掩盖自己的愚昧和藐小。在强大的君主身上，没有比虚荣

心更不合适的了：这种幼稚的欲望一般都会让自己臣民付出血泪的代价，他们不得不无休止地劳动，但永远满足不了君主虚荣心的需要。减轻臣民疾苦才是伟大的国王值得荣耀的事情。

人们已经认识到，每个时期奢侈都危害下层人民；人们徒劳地
努力通过限制奢侈法来遏制奢侈，但自身被宫廷的虚荣蒙蔽住眼睛
的立法者们没有看到，为了效仿高官显宦，地位低微的人令人可笑
地尽情挥霍；没有看到正是君主及其宫廷为了显示实力而改变往常
的习俗；也没有看到限制奢侈法是为下层公民而制定，只能使他们
越来越卑微，同时使高官显宦们的虚荣心更加严重。因此，我们看 134
到限制奢侈法刚一颁布就屡遭违反或规避是不足为奇的事情。[1]

与被全民族所接纳的奢侈进行斗争，是在与人性固有的欲望
进行战斗。每个人都想竭尽全力效仿和赶超自己的同类（尤其是那
些他们觉得比自己幸福和强大的人），每次无奈的放弃都会使他们 135

① 路易十八于1613、1617和1620年先后颁布或修改了反对奢侈的法律，但均未取得成效。见《汇编K》（Recueil K）。“国君们只以自己的品德，而无需通过虚荣的饰物来引人注目，他们的身份和权威足以使他们著名和受到尊敬，而无需以珠光宝气来让自己耀眼夺目……在法国，习惯上只是显耀人物的侍从才想成为国君，如果他们看到主人佩戴珠宝，自己也想拥有，他们就要卖掉自己的土地和牧场，或去商人那里做抵押。国王和国君珠光宝气不是一件坏事，而且如果那些小伙计们不效仿他们在这方面耗费钱财的话，这也是合乎道德的，因为对他们来说，这种消费是严格禁止的。”见《汇编G》（Recueil G），第156页。在路易十八统治时期，有一位法官说：“限制奢侈法约束男人们过一种有规律的、男子气的、合乎道德的生活……，如果节欲在私生活方面，在合理节制方面不对臣民加以制约，但愿生育有用于战争，建议能显贤明，判决能显公正……在罗马人那里，限制奢侈法每时每刻都在被违反，也在被修改；这种例子告诉我们，法国人中间，政府颁布的禁止金属箔装饰和金银丝织品的法令并没有被服从。”见《汇编K》，第153页。

痛苦不堪。在奢华的君主政体国家，奢侈终究会不同程度地显露出来，直至社会的最底层。

反对奢华、崇尚俭朴的国君的榜样是最好的限制奢侈法，而且，国君的榜样很快会被宫廷高官显宦们学习，因为他们随时都在注意主子对他们的印象。那样，简朴就会成为高尚、信誉和权贵的符号；其他公民为了得到上司的认可，也会很快养成节俭的**作风**，这会让他们不再时刻想着自己相对低微的身份。

更重要的是，对于高官显贵们来说，这种好的品德会给他们带来不可估量的利益，因为习以为常的奢侈会让他们挥霍大量的钱财；这样如果没有必要，他们就不会觉得宫廷一定要像通常那样安排。对于君主来说，他并不认为一定要花费很多钱财来满足一群负
136 债累累的朝臣的要求，稍加节俭就不会使自己的臣民不堪重负，也会让朝臣富裕地生活。[①] 女人普遍都一样，她们都钟爱奢侈浮华的玩乐，但只要俭朴成为宫廷的作风，她们马上就会对俭朴发生兴趣，俭朴就会成为高尚的标志，就会成为赢得国君关注的手段，因为她们自认为必须有像国君那样的言谈举止。

这样通过对虚荣心本身这种疾病的救治，可以医治崇尚奢侈的虚荣心给诸多民族造成的创伤。因为正是君主们的奢侈才使得臣民也不得不效仿他们讲排场，挥霍浪费。

炫耀奢华是造成君主和他人衰落的根源，因为君主奢华排场的外表马上会被人效仿，而且往往成为高官显贵们虚荣心的最大需

---

① 路易十四在离开首都前往凡尔赛居住时并没有意识到他的朝臣开支翻了一番，因为为了管理宫廷，他们不得不增加仆人、马匹和设备。君王们的出行对于臣民来说是十分昂贵的。

要。身居要职的官员在离开王宫的同时，把奢侈带到了外地，所到之处很快会被感染，他改变了自己的事业，也毁了别人的事业。因此，即便是最慷慨的政府，也不应该助长高官显宦们的虚荣心，认为奢侈对于他们的身份和尊严来说是必不可少的。

但是，明智的政府应该采取更直接的方法来限制荒淫放荡的女 137
人在公开场合炫耀自己过分而令人反感的奢华。严肃的警察应该惩处胆敢在民众众目睽睽下玷污战利纪念品的恶习。如果说政府不能阻止暗藏的淫逸堕落，那么至少应该阻止明显挑战道德和教唆堕落的行径。正派的女人、贤淑的妻子和纯真的女孩会以何种眼光来看荒淫带给妓女们的光鲜亮丽的生活呢？可是那些妓女们的情人则荒唐地想把她们改造成自己心中的女神。

那些为奢侈辩护的人会说，宫廷和大城市消除奢华会大大降低国家收入；会阻止一个以审美和时尚闻名的民族从别的民族那里获取利益；最终会使众多依靠自己同胞的虚荣心生存的人无用武之地。

古代有一位著名的讽刺作家[1]告诫他那个时代贪婪的人说："金 138
钱应该是人们追求的第一个目标；但愿有了金钱，接踵而来的是美德。"[2]这似乎是好些被认为明智的政府对国民所说的话，这也是众多投机商要说的话，他们被奢侈带来的毫无意义的利益的诱惑，看

① 指意大利杰出的拉丁抒情诗人和讽刺作家贺拉斯（Horace，公元前65－前8），主要作品有《讽刺诗集》（*Satires*），《歌集》（*Odes*）和《书信集》（*Epîtres*）；尤其是《歌集》和《书信集》对西方文学产生了重大影响。——译者

② 拉丁文原文为O Cives!Cives! quarenda pecunia primun; Virtus post nummos. Horace（贺拉斯）。

不到随着这些利益而来的是接连不断的不幸。因此，我的回答是，如果国家管理得很好，厉行节约，国民正直而有节制，并不需要大量的财富；在一个奢侈腐化的国家里，大量的财富必然会使那些贪婪的国民蠢蠢欲动，国家从二十个村庄强征暴敛来的收益不足以随意支付所谓的服务费用或填补一位朝臣或高官的疏忽与无能造成的损失。腐败政府永远不会多么富裕；但正派的政府有正直诚实的公民服务，他们心理对祖国的爱，对真正的荣誉的崇尚，要比金钱更能发挥作用。拿钱买道德是对道德的侮辱，因此，我们不能过多
139 地反复使用这样的办法，对于国民来说，良好的风尚要比财富更重要。过于富足会使民族和个人走向堕落；安宁和真正的幸福往往存在于平淡之中。

历史的经验证明，富裕的民族并不是幸运的民族：富裕使他们普遍野心勃勃，狂妄自大，他们普遍都想为他人制定规则；傲慢使他们四面树敌，常年战事不断；国家的正常收入满足不了一个狂妄政府的鲁莽举动，于是增加税收，四处举债，有害的信贷使它负债累累。这时，整个国家在赋税重压之下发出痛苦的呻吟；它最终成为债台高筑并不富裕的富人，它永远不能正常处理自己的事物；它贫穷了，虽然遍布全国到处都有富裕的公民；然而，这些依靠消耗自己国家富起来的没有良心的公民沉湎于花天酒地，游手好闲，骄侈淫佚的生活，他们一切都为了满足自己的欲望，既不担忧国家的命运，也不关心同胞的幸福。

140 幸福的民族是大多数公民都优秀的民族。好的国君制定好的法律，好的法律造就好的臣民。好的公民是对自己国家有用的公民，不论他处于什么阶级：穷人通过诚实的、或为同胞创造稳固的实际

利益的劳动来完成自己的社会任务；富人帮助穷人完成任务就是在完成自己的社会任务；富人通过救助积极而勤劳的贫民，支付其劳动报酬，为其谋生提供方便，简言之，通过善举向社会偿还债务。因此，立法者在通过改变富裕公民贪图奢侈和虚荣的有害的、失去理智的奇想，把他们引向有益于祖国的善举的同时，建立起社会的和谐，没有社会和谐就不可能有个人幸福。

对于那些腰缠万贯无需为生存而操心的人来说，雄心普遍成为一种欲望；因此，立法者可以利用富人想不断提升自己，在公民人群中出人头地的意愿，让他们把目光转向公益事业。通过公共工 141
程、大面积土地开垦、增加农耕和有益于健康的排水工程、方便国内贸易和土地灌溉的河道工程，使富人成为有益于国家的人；难道他们没有权接受社会的感激吗？高官和富人在他们所在的地方帮助居民，捐助贫民，兴建手工工场让穷人做工，从而消除闲散和行乞，他们与众多凭着在宫廷里潜心策划阴谋、损人害已地挥霍铺张而得到国君宠爱的贵族和达官相比，难道不更值得尊敬、享有荣誉和得到回报吗？[①]

如果更具有社会意义的教育使富人和贵族懂得怎样做公民的 142
话，如果权势显赫的人不因为无情的偏见而认为平民百姓就是用来满足自己虚荣心的奴才的话，如果不是愚昧的傲慢使国家最富有、最高贵的人普遍丧失怜悯、感激之心和社会情感的话，他们难道不应该为自己能以温和善良的仁爱之心，而不是永远让人憎恶的不公

① 富裕的伊斯兰教徒把为游客修建（他们称作 Karuvan-séraï）清真寺附属招待处和饮水处看作值得称赞的行为。凡在那里歇凉和饮水的人，离开时很少有人不对建造这些古迹的人心怀谢意。

正的、自负的专横暴虐来对待比自己地位低微的人而感到荣幸吗？那些在当地被认为有钱的人若能造福一方，他们从中获得的持久而纯洁的快乐，难道不比人们在喧闹的城市里、豪华的宴会上和只有嫉妒和敌对的腐败的宫廷里那种掺杂着苦涩和忧伤的快乐更能打动他们吗？在我们所说的这些地方永远都没有真正的快乐。所谓奢侈带来的快乐，或因奢华和持有一件精致物品或高档家具而一时产生的幼稚的得意，能够和慷慨捐赠带来的永久快乐，或因善举创造的
143 美好情景让人内心时刻感到幸福的相比拟吗？有什么城市景色和宫廷盛宴能够比看到乡村变得物产丰富、农民在勤劳耕作、人的顽固习性在自觉改变更能感动一颗善良的心吗？人们一旦认识到善举的快乐，生活就会充满最纯洁的乐趣。

这就是教育应该向贵族和富人灌输的情感；对于这种情感，立法应该予以加强，君主应该予以奖励。道德一直在向每个公民证实，他的利益是和他的共事者联系在一起的。它说服富人，让他们认识到，行善是把钱花在了有用的地方，是在收获利益、幸福和荣誉；善良不会让任何人失去尊严。在好政府的权威下，有道德的贵族参与议政，他们自身就可以统治自己的领地，相对于让仆从承受专制权和难以容忍的傲慢，以及只会招致仇恨的虐待而带来的快乐，他们宁愿要这种统治权。土地权贵正是由于自身的错误而普遍
144 招来下属的憎恨；高官的不公正行为造成和助长小官的恶劣品行。[①]立法者一旦捆住富人时常准备害人的手，就能迅速恢复对于民风的

① 农民看到自己的领主喜欢那些野猪、野鹿和野兔胜过喜欢他们，他们对领主能够有多喜爱呢？狩猎权本身就是一种欺压，它对于农业和乡村经济来说，每年，甚至长期都是一种灾难。

振兴和国家的繁荣与富裕来说十分重要的社会平衡。

任何一个管理有序的政府都应给予农业、手工业和商业以积极的关心和始终不渝的保护，使它们得以自由发展。它们是国家和公民合理的财富源泉。土地是民族福祉的基础；正是土地在为全体人民提供粮食、生活用品和装饰与娱乐所需要的物品。许多德高望重有责任心的作家著书立说，证实政府应该给予农业的重视；他们认为，农业是政治经济学这棵大树的主干，其它所有的枝和杈都是从
这个主干上生长出来的。[1] 对于他们这种出于对公共利益的关心而 145
发表的有益的观点，我不能再作任何补充。在一部仅以道德为宗旨的著作里，反复强调道德永远与健康的政治相一致就足够了。

赫西奥德[2] 说："诸神为维护道德的人提供了工作。"这里，他既维护国民的社会道德，又预见到混乱与犯罪。无数穷人游手好闲，国民成为行乞的负债人，这是一种灾难，政府不下大力气是很难消除的。在管理有序的国家里，有幸成为其一员的每个人都应该通过劳动寻找自己的生存之路，法律应该制约无所事事者。有些国家到处土地荒芜，无人耕作，为什么不对那么多闲置的劳动力进行培训呢？许多疏于管理的土地所有者得不到本来能获得的一半收益，为
什么不充分而有效地雇佣无数苦于找不到工作的穷人来做事呢？每 146
个城市、外省或郡，不可以建立工场随时招用勤劳的贫民来做工

① 全欧洲都知道，好多年来，法国一家以"经济学家"而出名的好公民出版公司（Société de bons citoyens）出版了无数的作品，其中有益的合作归功于御医凯弗奈（Quefnai）先生和《人的朋友？》（*Ami des hommes ?*）的作者玛尔琦·德·米拉波（Marquis de Mirabeau）先生火热的爱国热情。

② 赫西奥德（Hésiode，约公元前 700 年），希腊最早的诗人之一。主要著作有《工作与时日》（*les Travaux et les Jours*）和《神谱》（*Théogonie*）。——译者

吗？那些身强体壮的行乞者不能让农民摆脱繁重的杂务，避免耽误最紧迫的农活吗？总而言之，在一个国家，长期必要的劳动既可以用来解决诚实善良的穷人的生计问题，也可以用来合法惩罚每个因懒惰和恶习而违法乱纪和走上犯罪的穷人。

每天的经历足以让我们相信，教会向穷人开放的越来越多的收容所，富有怜悯心的人道主义每时每刻给予穷人的施舍，并不是足以医治行乞的有效药方。一些政府曾经认为，应该强制公民救助穷人；我们也曾看到它们因此而向国民征收重税，但最终都没有减少穷人的数量，相反，穷人与日俱增。[①]施舍若鼓励懒惰，就成为有害
147 的善举。穷人只要有能力就应该依靠自己的劳动来生存，只有在他没有生存能力的情况下，社会才应该给予救济。文明国家都有很多专为残疾人和病人设立的收容所。这些收容所普遍设备良好，如安排合理，可供所有的病人居住；但非常不幸的是，慰藉穷人的财产往往被富人侵吞，他们极其卑鄙地掠夺了仁慈善良的同胞给予穷人的施舍。无疑，偷窃富人财物是一种犯罪，但通过牺牲残疾者和贫困者的利益而致富显示出的则是一种邪恶的行为，法律如何严惩都不为过。

148 政府负有体恤民众的责任，应该关心穷人，有效地使用身心健康的人，救助残疾人和病人。但是，若每个村或郡都能负起关心穷

---

① 根据最新统计，英国向土地所有者征收的济贫税或捐税惊人地高达300万英镑（700万记账英镑）；然而这个数字不足以维持欧洲最富裕国家的众多穷人的生活或减轻他们的困苦。确实，那些世界上财富最多的国家，也是最不幸的人多于最幸福的人的国家！确实，商业仅仅使少数公民富裕了，却使其他公民处在水深火热之中！确实，奢侈给人们造成很多不幸，却没有带来多少幸福。见《人类史概要》（*Sketches of the history of men*），第二卷，第45页及以下。

人的责任，效果也许会更好，因为当地更了解穷人的情况，这样，他们就不能蒙骗极易相信虚假残疾的公众。

救济穷人是富人的一种责任。假如民众清楚地全都知道国家的财富和贫困状况，那么，每个富裕的公民就会知道自己应该承担的济贫份额，这个份额应该与他占有的财富或收益成比例；对他来说，偿还这笔债务只是公道之举，如果要表现自己的慷慨和乐施好善，他应该承担更大的比例。政府的行为应该旨在保证富人偿还所欠穷人的债务。

贸易、航海、制造业、军队、手工业足以让社会摆脱因闲散无业而造成的困境。

商业对于农业来说是非常重要的，农民要把地里的产物运出去进行交换，商业是必不可少的。因此，任何一个好的政府都应给予商业以优惠政策，然而，政府所能给予的最大优惠是尽可能给予其便利，使其摆脱金融和禁止性法律的束缚；这些束缚只会使商人因满足不了中饱私囊的征税者而失去经商的勇气。君主若崇尚简朴、鄙视贵重而无实际意义的奢侈品，无需使用强制手段，就会逐步消灭为了获得更多财富而过度使用土地的有害交易。国君和高官显宦们若不传染性地给公民树立随心所欲追求新奇的榜样，人们就没有必要到全世界去搜寻那么多昂贵但很不值钱的东西；人们若对本国产品和手工制品满意的话，就不会费尽周折花大价钱从遥远的地方买回无用的稀奇物品。

信贷对于商业来说是不可缺少的，因此，立法者必须消除其中的欺诈和不诚信行为。某些卑鄙的商人把欺诈破产看作发家致富的捷径，法律永远都不能对这种欺诈行为不加以惩处。这些盗贼毁灭

150 了公众对他们的信任，当地所有人都绝不会庇护他们，因为对他们的处罚关系到众人的利益。

另外，许多不道德的商人、手艺人、工匠和艺人经常大肆利用公民的单纯进行欺诈，法律关于违犯起诉的条款也要适当做出对他们加以谴责或处罚的规定。快速简易的裁判可以迅速制止许多小商小贩的强夺欺诈行为，因为他们自认为人们怕耗时耗费而不会轻易起诉，这使他们得以逃避法律的惩处。这些不讲信义的商贩让人们藐视他们的职业，同行中比较诚实的商人应该努力戒除这种弊病。在堕落的民族中，商业退化为一种山贼行为，以致所有的商人最后都被看作是一帮精明的小偷，或实际上都成为一帮精明的小偷。

政府作为国民的订约人，也应该对手工制造业进行监督，防止它们造假或生产劣质产品，否则，马上会危及民族产品，国家就要依靠外国人来为国人提供物品。阻止恶行并不是损害个人自由。政

151 府就可以以此来阻止商人和工场主欺骗自己的同胞和外国人，避免他们破坏民族工业的名誉。但我们常常看到奸商和已经被人们认定的商人互相串通欺诈百姓，对此，政府也要加以提防，监督他们的行为。精明的管理永远都要看到自己所肩负的监督他人的责任。

总而言之，政府应该永远向勤劳的、努力摆脱贫困的穷人伸出援助之手，让每个愿意劳动的公民都有最自由的竞争机会。专属特权和**结盟行会**（jurande）、职业团体要求的种种权利都是行业发展的障碍，阻碍穷人改变自己的命运。如果说富人才能有劳动的权利，那留给穷人的还有什么其他生存手段呢？

如果用几句话来概括本章所述的原则，我认为我们想说明，公正的政府只应该鼓励诚实致富，不应该错误地让某些特权人物以牺

牲公共利益来发财，过于有利于富人的法律是极不公正的，法律同 152
样应该保护穷人，使其免受压迫；我们已经让人认识到，立法者应该使贫民有事可做，并促使有钱人为贫民的劳动创造有利的条件；我认为，我们已经证明奢侈的弊害和节俭的好处；我们已经让人意识到农业、商业和手工业的重要性，同时简要介绍了处罚欺诈的方法；最后，我们已经说明，民族的幸福只能依靠君主的公正、富人的善举和穷人的劳动来实现。

噢，刚毅不阿的杜尔哥！这样的结果本应出自你的睿智和正直，这是伟大帝国所应期待的结果，因为公正的君主把帝国的命运托付给了你。[①]虽然障碍重重，阻碍善行，虽然强烈的仇恨反对你诚实的见解，但你绝不会让自己的同胞失望；你还会爱他们，因为他
们已经习惯热爱和尊敬你的名字。你肩负着净化国民财富之根源的 153
责任，你会消除搅乱根源的种种邪恶；你慈善的双手会擦干一个长期受压迫的民族的眼泪，只会让他们流下感激的泪水；依靠你慈善大师的坚强意志，你一定会战胜不公正致富的阴谋；你会成为公民和穷人的慰藉者。

① 杜尔哥（Turgot，Anne Robert Jacques，1727–1781），法国国务活动家、经济学家，重农学派主要代表人物之一。在担任国家财务总监时提出了自由经济政策，但遭到贵族、僧侣的激烈反对，于1776年被免职。主要著作有：《关于财富形成与分配的思考》（*Reflexions sur la formation et la distribution des richesses*）。——译者

第九章　论学者、科学、文学和艺术的道德法则

赫耳墨斯曾在埃及学习科学和艺术；俄耳甫斯曾使希腊摆脱野蛮。文人的作用在于教育自己同胞，使他们生活得更幸福。

毋庸置疑，无知是人间万恶之源，而无知就是缺乏经验与思
154 考。人若没有经验与思考，就只能是行为轻率的孩童，受一切本性欲念所左右，没有规矩，不能正确应对周围的事物。

学者就是为自己的同胞而经验或思考的人；当他们的劳动和研究有了确实有用的发现时，同胞应对他们有感激之情。开化的政府都认识到了科学的优势。普遍受过良好教育的公正的君主，都给予学者以优厚的待遇，他们认识到了知识的价值，希望知识能在自己国家广泛传播；他们通过荣誉和奖赏激励竞争，奖励那些能够把知识用在有益的社会事业方面的学者。好的国君永远都明白，无知只能造就奴才和无能无德的野蛮之徒。①

---

① 哈里发阿尔玛蒙（Almamon）把文人称作灵魂大师、人类的精神教师、上天的宠儿、是为了开启明智，驱除滋生野蛮和凶残的愚昧而生。见《精选丛书》（*Bibliothèque raisonnée*），第 48 卷，第 123 页。查理五世，又称贤明的君主，他说："对于神职人员或智慧书（Sapience）的尊敬永远不会太多，在这个王国，只要智慧书受到尊敬，王国就会继续繁荣发达，但是，一旦它不被接受，国家也会付出代价。"见克里斯蒂纳·德·皮桑（Christine de Pisan）：《查理五世的生活》（*Vie de Charles V*）。

然而，无能的国君则需要这种臣民。古斯基泰人挖掉自己奴 155
隶的眼睛，为的是让他们不受外界干扰，专心完成强加给他们的任务。这大概永远都是暴君才会采用的手段：他们为了满足私欲而丧失理智，他们害怕光明，也害怕自己的奴隶见到光明；他们畏惧哲学，只因哲学推理和探究真理；他们讨厌道德，只因道德谴责和反对暴政；他们的训示似乎就是让那些被视为邪恶与不公正的人寻欢作乐；身为人类的压迫者，他们永远不能容忍参政思想，因为任何一种讨论都不利于荒唐的、毁灭民族的政治。总而言之，他们不允许思想家参与制定重大的社会计划，因为专制政体不愿意受到他们的搅扰，暗箱操作对完成险恶计划是有利的和必要的。

在管理不善的腐败国家中，有用的人才都转向去做毫无意义的
事情。沉溺于奢侈者都厌烦思考；他们的大脑与身体都一样衰弱， 156
无法专心于正业；任何重大项目对于只想路过玩耍的孩子来说，都是过分重大的事情。这就是为什么在野蛮和奢侈双重力量压制下屈服了的人民，对一切与国家相关的事情都漠不关心的原因。真正有益的项目对于受到抑制、目光短浅的人来说都过于远大。于是，舒适战胜了实用：每个思想家都被视为精神失常者，他们的理论被认为荒谬可笑、难以实施、不合时宜；毫无价值的创作、淫秽的作品、讽刺性短诗、歌谣、羊人剧（satyre）[①]、庸俗的献媚话语，都远比有才华的作品和关系到国民幸福的重大发现受到欢迎，因为国民幸福这

① 羊人剧（satyre），古典的希腊悲剧三部曲演出之后，作为调剂而加演的滑稽喜剧。“satyre”本意为希腊森林之神，具人身、羊腿、尖长耳并长有尾巴的半人半兽神，性野，沉湎于淫欲。——译者

157 种事很少有人愿意去关心；[①]戏子、歌手、舞蹈演员都是备受关注的人物，甚至在政府看来也是这样，他们比在自己同胞眼里展开人类知识巨幅画卷的稀有人才更引人注目；而对于这样的人才来说，没有因为自己的功绩而招致残酷迫害就已经是非常幸运的事了！虽然他本应得到全社会的感激，本应荣获最重要的徽章。狄德罗，这就是你的非凡而深广的命运！你忘恩负义的祖国只是在扰乱你怀着满腔热情所从事的事业时才想到了你；你的事业刚一光荣地完成，她就把你忘记得一干二净了。哦，现代的雅典人！轻浮浅薄的孩子们！难道你们一定要把毒芹送给本该为其设祭坛和竖塑像的苏格拉底吗？[②]

158 一个希望自己人民幸福的政府，会把学者视为自己功绩的合作者，视为能够培养其接受君主赐恩于民的思想的有用公民。偏见只

① 诗只是在具有了哲理性、教育意义及合乎道德时才被重视，如我们在伏尔泰和达朗贝尔等人的著作里所见到的诗。至于那些毫无价值的或有害的作品，大都出自平庸的诗人，这样的诗人社会上比比皆是，马莱尔伯（Malherbe，法国诗人）评价他们说："对于国家来说，诗人并不比一个玩九柱戏的高手更有用。"这类诗人不停地抱怨说"哲学扼杀了人们的鉴赏力"。是的，是对于毫无价值的东西的**鉴赏力**，是对数百年来人们反复向所有女人说的庸俗的、令人讨厌的献媚话语的**鉴赏力**。哲学的时代要求，诗人要得到人们的赏识，要接受良好的教育，要叙事，而不是言词；要摒弃阿谀奉承，轻浮浅薄的东西，表现有益于社会的真实事物。

② 后人可能很难相信，作为浩瀚的人类知识宝库《百科全书》（*Encyclopédie*）的主编，奉献毕生精力完成这一巨著的狄德罗先生，也许是唯一一位没有获得自己国家重视的法国作家。这位伟人在完成自己有益的工作后，没有任何报酬，还是俄国皇帝叶卡捷琳娜二世慷慨地偿还了他的债务。就在几年前，法国宫廷还为一名歌剧舞蹈演员募捐了50000里沃尔，用以偿还债务，理由是这位演员威胁公众，要带着非凡的才华到别的国家去。

对那些欺世盗名或心怀叵测的人有用，德高望重的大臣往往需要借助公意来实现他们最明智的方案：讨论有助于他们对方案的决策；他们知道，最不重要的公民也可以提出重要的意见。因此，开明政府应该让学者们的思想专注于有意义的事情；政府有责任鼓励各方人才，欢迎他们，并相应地给予他们符合身份的报酬。真正有才华的人是高尚和无私的。自由、荣誉和有限的钱财就能满足一个天才人物的全部愿望。①

自由对于文学和科学来说是必不可少的。在专制主义统治下的 159
国家里，天才人物想投身于有用事物的研究，其难度如同被链子拴在牢笼里的雄鹰渴望在高空自由地翱翔。在专供奢华享受和专制政治活动的场所，有时能见到很多诗人、文人和上流社会的人物，但绝对见不到公益事业的负责人、高尚而慷慨解囊的人和说实话的史学家、关心国家命运的公民、有能力为祖国效力的学者。

正是因为有了自由，希腊、罗马才出现了那么多伟大的天才，他们至今仍是现代人徒然效仿的对象。一个民族若不允许人们关心与人息息相关的道德、政体和宗教方面的事情，就不可能展放出民族的光辉。

因此，一个具有良好施政愿望的政府应当给予文人以充分的自
由，自由对于改进统治艺术至关重要，它有益于国民，可以使君主 160

① 整个欧洲都以赞赏的目光看待达朗贝尔先生的无私与高尚，他虽然没有受到祖国的重视，而且只有极为有限的一点财产，却坚决地拒绝了普鲁士国王的要求，也拒绝了俄国皇帝（译者按：这里指叶卡捷琳娜二世）的要求，后者以极其优厚的条件想让他负责王子（她的儿子）的教育。我们看到，伟人对于国家来说并不需要花费很多，他们总是极少数，也很少被利益和钱财所打动。面包（Panem）和自由（libertatem）能够是他们的座右铭。

更公正，国民更善良。暴君愿意统治瞽者，明君则愿意理性地指挥理智而有能力领悟和实现其良好意图的人：这是光明正大的品德本应有的属性。

人们也许会问，在一个治理得好的国家，自由一直要走多远才能产生自己的思想？对此人们很难给出，甚至不可能给出一个确定的界限。我们不能庆幸，一个社会里失去理智的人并不多，不过，人们不能像惩罚恶意的言行和败坏风俗那样严厉地惩罚荒唐的言行。但愿法律能够惩处那些卑鄙地恶意中伤、公开招摇撞骗、教唆他人犯罪和以淫秽作品毒害青年的危险人物，让他们名誉扫地，让

161 他们的作品受到抨击。[①]但是，也希望允许作家犯错误，免于对他们处罚，比如他们在极度兴奋时忘记了自己对于道德、风俗和同胞所应承担的责任。

易激动的性格容易犯错误，但是，一个天才的不端言行却甚至可以给社会带来益处。别人的错误可以让我们从中汲取教训。现实中的真话会被毫无顾忌地攻击；它们总是淹没在迟早会形成的有悖于民族幸福的欺骗性谎言和一切虚妄偏见的洪流之中。塔西佗说："扼杀人们的思想和研究要比从颓废中复兴它们容易得多。"[②]

如果说伤风败俗的作品、诽谤中伤的文章应该受到法律惩处的话，那么，对于那些表现不合常理的事物、抽象的艺术方法，以及
162 在一些与大多数公民无关的问题上发表轻率大胆的观点的作品，法

① 昆提利安（Quintilien，约 35–约 100，古罗马修辞学家和雄辩术教师）说，演说的才能如果被坏人掌握，那就应该被视为一种邪恶，因为他会变得更坏。见昆提利安：《雄辩家的培训》（*De l'institution oratoire*），第十二卷。

② 见塔西佗：《阿古利可拉传》（*la Vie d'Agricola*）。

律绝不应该表现出同样的严格。我们希望这一类作品交由那些具有评估能力的学者进行评价或批判。希望神学家与宗教方面的错误进行斗争，提醒公众他们会被引入歧途，对于他们认为轻率的、其观点缺乏理性的作家，尽量给予热情引导；希望医生批判和反对违背技术原则的格言，有力打击他们认为危害公民健康的说法；简而言之，希望物理学家、几何学家、文学家、艺术家都能各尽其职，自由地与一切自己认为错误的思想进行斗争。只有争鸣才能产生永远有益于社会的真理，这种真理应该作为全部人类知识的基础。惩罚失误者是不公正的，因为这所造成的后果会妨碍人们认识真理，而认识真理则有利于科学技术的出现和完善。只有欺骗才惧怕争论；
只有暴政才畏惧光明；只有无原则和缺乏远见的政府才惩处错误， 163
徒劳地阻碍新闻自由。

阻碍和压制思想、创作和出版自由是专制的侵害行为，它既不合情理，也无益和有悖于社会利益。专制主义永远都是无知和没有理性的，它永远不知道人的心情会因为受到阻碍而激动，会因为受到不公正的奴役而愤怒；不知道危险本身只会激起人们采取冒险举动的情绪，使人的自爱心理有了庆幸自己的勇气的机会。这大概就是我们有时会发现，最受压迫的民族会比最自由的民族出版更具有强烈抨击力的书籍的原因所在。暴政不可能消除一切精神力量；实际上，它的压制只能激起更强烈的反抗。正直的精神力量一旦被罪恶与压迫彻底激怒，就没有什么力量能够与之相匹敌，它要为祖国伸张正义，要为道德原则辩护。

如果专制主义不能消灭思想和创作的自由，那它也不可能成功 164
地阻止有悖其意图的书籍出版。凡不公正的政府不喜欢的作品都受到那些对政府不满的公民的热烈欢迎，他们乐意看到令他们厌倦的权力被贬损。这就是为什么那些大胆独创的书籍、揭露不公正的有权势的人的羊人剧、对极不公正的政府及其轻率或有重大过失的行为的批判性作品，之所以能够深入人心，无论什么价格都能畅销的原因所在。马尔塞布[①]、圣日耳曼[②]和杜尔哥，他们既不惧怕审查，也不惧怕批评；针对德高望重的大臣而创作的羊人剧只能捉弄那些头脑不清的人，让反对一切善行的人欢欣鼓舞。小普林尼[③]说："人们绝不抱怨那些允许他们抱怨的信条。"[④]

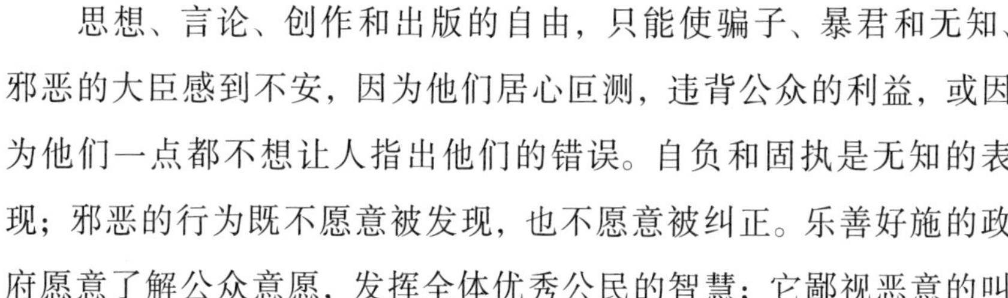

思想、言论、创作和出版的自由，只能使骗子、暴君和无知、邪恶的大臣感到不安，因为他们居心叵测，违背公众的利益，或因为他们一点都不想让人指出他们的错误。自负和固执是无知的表现；邪恶的行为既不愿意被发现，也不愿意被纠正。乐善好施的政
165 府愿意了解公众意愿，发挥全体优秀公民的智慧；它鄙视恶意的叫

① 马尔塞布（Malesherbe，1721–1794），法国律师和行政官，曾任巴黎间接税法院院长、新闻出版总监和宫廷大臣等职。他在1750年任新闻出版总监后，曾批准启蒙运动哲学家出版他们的著作，如狄德罗的《百科全书》的大部分都是由他批准印行的。在路易十五和路易十六统治期间，他试图对法国的专制政治进行改革，但没有很大成效。他于1793年12月被捕，以反革命罪被送上断头台。——译者

② 圣日耳曼（S. Germain，1707–1778），法国将军和政治家，曾任法国陆军元帅。1775年，被路易十六任命为陆军大臣，对法国陆军实行改革，他厉行节约，并试图把普鲁士军纪引进法国军队，但引起很大反抗，于1777年9月被迫辞职。——译者

③ 小普林尼（Pline，61或62–114），罗马拉丁语作家，行政官。他是著名律师，公元100年任罗马执政官。存世作品有：《颂词与信札》（*Panégyrique de Trajan*）。——译者

④ 拉丁文原文：De nulle minus principe queruntur homines, quam de que maxime licet。见小普林尼：《颂词与信札》。

嚷、愚蠢的批评、恶毒的挖苦和愚昧浅薄的讥讽。

因此，为了国家的利益，任何合格的政府都应该激发和鼓励人们的精神活动，使他们放弃那些毫无意义的事物，转而去关心有用的事物。如果说刚愎自负的暴君使文人学者变成一帮恭维、奉承的谄媚者，只让他们从事无关紧要的琐事，从不允许他们涉足重大的事情，那么，明智的君主则鄙视那些毫无价值的才能，鼓励人们掌握对于造福人民来说所必需的知识和进行相关的研究。对于一个有活力、有思想、有生气的民族来说，政府不能汇聚全国各个方面不同思想的力量，会有什么无穷的好处吗？若当政者日理万机，无暇顾及具体事务，那希望他们允许有思辨能力的人去负责有关事务，或许他们会马上收到一大堆的方案和方法，虽然不尽合理，但他们可以从中发现一些有智慧的、有用的、行之有效的东西。我们远目 166
寻找的东西往往就在我们脚下。制造万马齐喑的人大都没有远见卓识，他们没有能力发挥人的智慧。汇聚了一个伟大民族丰富多彩的思想的星星之火，可以点燃照亮世界的火炬。

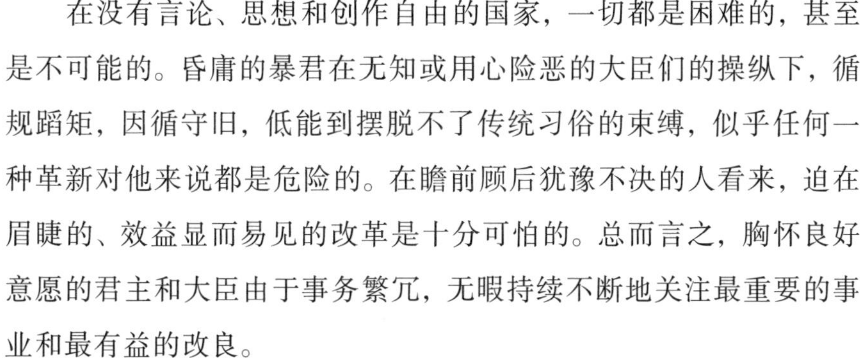

在没有言论、思想和创作自由的国家，一切都是困难的，甚至是不可能的。昏庸的暴君在无知或用心险恶的大臣们的操纵下，循规蹈矩，因循守旧，低能到摆脱不了传统习俗的束缚，似乎任何一种革新对他来说都是危险的。在瞻前顾后犹豫不决的人看来，迫在眉睫的、效益显而易见的改革是十分可怕的。总而言之，胸怀良好意愿的君主和大臣由于事务繁冗，无暇持续不断地关注最重要的事业和最有益的改良。

宽宏大度的政府若能吸纳全体人民的智慧，一切事情都会变得
清晰明朗，易于实施。法律很容易修订和精简，变得更加清晰、合 167

理；教育——对于一个被奴役的堕落的民族来说，几乎不可能走上正确的道路——在明智的政府手里，会成为培养有知识、有道德、有能力的公民的园地。在君主的奖赏之下，物理学、自然史、化学、医学、植物学会揭开大自然的神秘面纱，把我们所感兴趣的一切展现给我们；机械学会使我们的劳动更加容易；战争所必需的致死技术会得到改进；公益性消遣艺术会变得更有趣味，更感人，更受尊重。

警戒性法律应该阻止伤风败俗的艺术，应该正确引导众多艺术家的艺术趣味；他们常常通过以古代神话为题材的淫秽绘画和以现代堕落生活为内容的极其幼稚的演出来吸引人们的眼球。如果允许艺术家公开展出不负责任的作品，那么，警察显然应该受到谴责，因为这些作品给欲火一触即燃的年轻人的精神和心理造成混乱和伤害。

168 综上所述，让科学、文学和艺术百花齐放，对于一个好政府来说是有利的。一个拥有有知识的公民最多的国家，永远都是最幸运的，也是最受尊重的国家。我们一眼就能看出，在那些知识贫乏的国家，似乎大自然安排了一切，它们没有任何优势，也不受尊重，在呆滞和贫穷中煎熬；它们遭受邻国鄙视，依赖盟友帮助，面临众人欺辱。这种现象在欧洲是很明显的，有些国家的命运就是这样，在它们那里，专制主义和偏执思想排斥科学、工业、乃至道德：因为道德无从谈起，人们常常看到无知的民众所崇拜和迷信的对象离不开淫逸、堕落和犯罪。

如果说科学所受到的尊重只能与它对于社会幸福的贡献成正比的话，那么，它的作用若不在于使道德更高尚，使人更加和善，

它就成为无用的东西；它的目的若只是让人变坏，变得难以相处，
它就会遭受鄙视和谴责。因此，任何政府利用科学和学者开启明 169
智，都会受益良多，所以，它应该激励文人崇尚美德，以使他们以身作则通过自己的学识，让自己对他人的告诫更有说服力、更有效果。文人比所有其它职业的人都更珍爱公众的尊重，更害怕受到自己同胞的轻视。对文人学者的品行，很多人都能评说一番，但对他们的才学却鲜有人知；因此，君主应该避免让他们为此而采取行动，施以手段，展开争论，从而丧失自己的尊严，因为那样会有很大的公开性，会造成很大的影响。这样的争论普遍都源于狭小的胸怀和自负的心理，只会让人嘲笑他们无知，而他们的才学本来应该是受无知尊重的对象。

因此，体贴入微的政府应该制止损害文人声誉的不正当行为。为了折服某些带有偏见的丧失理智的人，或许立法者可以设立专门法庭，凡涉及文人的案件，均由从国家最受尊敬的人中选出的与文人身份相同的人进行裁判：他们被授权对其同僚的犯罪、犯罪手段和犯罪行为做出一审判决，对他们的不道德行为给予惩戒，对他们
的诽谤、欺骗和其它违法行为，向民事法庭提起诉讼。我们应该相 170
信，为此而确立的裁判权可以纠正文学界普遍存在的不正当行为，使其中不再有嫉妒、拉帮结派、仇视和心胸狭窄，这是身为教育别人的、薪水引起公众仰视的人不应有的行为。这种裁判权的好处在于告诫人们，优良的品质永远比卓越的才智更让人喜欢，后者若被坏人掌握，就会成为危险的武器。一位古人说：“应该原谅智者的疏失与错误，但不应该原谅他违反道德的行为。”[1]

① 拉丁文原文：Multa donanda ingeniis puto; sed donanda vitia, non portenta sunt。见塞内加：《论雄辩术》(*Controversi*)，第五卷。

如果说这个方案似乎荒诞的话，我认为政府依靠智慧可以采用别的更有效的办法来制止某些文人的恶习，从而引起人们对正直公民的尊敬，因为他们或为了自己同胞的公益，或为了愉悦自己同胞的精神，牺牲了自己的睡眠、自己的健康、甚至往往是自己的生命，是值得受到尊敬的。

171 要鼓励人才，就应当给予他们公平的奖励。每当政府当局或金融机构决定奖励文人学者时，各种奖项常常都成为那些阿谀奉承者、招摇撞骗者和最不受尊敬最没有知识者的猎物。真正的学者都忙于自己的事业，无暇施诡计，搞阴谋，讨好达官显贵，因此，幸运之路对他们总是封闭着的。

在热心于科学进步的政府下，一切为文人学者设立的奖励都应该通过**竞争**来获得，凡想获得荣誉或奖励者，他们的功绩和能力都要被真实地评判，经过投票选定后方可颁授。这种方法可以防止不公正的暗箱操作和卑鄙行为的发生，不会经常奖励投机钻营、唯利是图的不学无术者，使最受尊敬的有真才实学者获得奖励。每个把时间用在博得和吸引女人或高官的好感上的文人，都是平庸之辈，他既没有符合自己职业的高尚品质，也没有符合自己职业的创作激情。

第十章 关于教育的道德立法 172

对于那些臣服于暴君或被专断权力的任性统治着的民族来说，再没有什么比给予他们一套完整的合乎礼仪、合乎道德的教育计划更无用的了。在这种政体下，一些居住在偏僻地方的公民，在自己家炉灶旁就可以教给孩子们什么是正义、人道、仁慈和美德；但是，这些道德原则与专制政体和腐败社会的行为准则永远都是对立的，当孩子长大成人，离开父母的保护，独立走进充满恶臭空气的上流社会后，他们的这些道德原则马上就会消失殆尽。

他们是由有道德的父母用心培养起来的孩子，在他们身上依然存在这样的危险，对那些被有恶习的、放荡的父母完全忽略了教育的孩子，或被家里一些严重违反道德的榜样完全扭曲了的孩子，我们还能期待他们有怎样的才学和美德呢？有人说得很有道理："希望 173
在教育孩子以前，最好先教育父母。"我要补充的是，要让后者得到合理的教育，那些决定人们命运的人应该先接受必要的教育，懂得如何以智慧来进行统治。当然，能够培养或改变民众的是政府，而不是环境。虽然每个个体在体质、情感、性格、能力、天赋等各个方面都有着很大的差异，但我们依然可以肯定地说，一个民族总是在领导者全面、持久和反复推动下前进的，这种推动对国民个体的习惯、思想和民族习俗都起着决定作用。简而言之，我们不能采用

完全同样的方法来教育两个不同的个体，但是，我们可以赋予整个民族群体一种统一的秉性：一个民族若在专制主义统治下，就会成为劣等民族；若享有真正的自由，就会成为高尚民族；若在腐化堕落、挥霍浪费、对公众利益漠不关心的君主统治下，就会成为堕落、轻浮和浅薄的民族；若在知道自己责任的真正利害关系和重要性的国君统治下，就会成为正义、人道、有道德和受尊重的民族。

174 每当命运之神把道德高尚的君主赐予人间时，他臣民的子女就会很容易接受符合全社会目标的教育。道德教育会成为教育的基础：根据不同年龄和不同状况，不间断地反复教导孩子们何为人？何为真正的人性？何为人的真实利益所求？何为人的真正幸福所在？让孩子们懂得一个理性的社会人应该怎样获得实在的利益，懂得没有自己同类的帮助就不可能获得这种利益；懂得他们对他做有益的事情，对他伸出援助之手，只是因为他正直善良、以自己的品行获得了他们的感情和好感。

这样，人从幼年起就学会认识自身；就知道为了幸福生存应该做什么，不应该做什么；慢慢发现人与人之间的关系，知道应该为别人做什么，需要别人为自己做什么，知道一个没有能力的弱者，如果得不到别人持续的帮助，就会有被抛弃的感觉。因此，无论是儿童还是年轻人，都应该防止骄傲，因为骄傲认识不到别人的价值
175 和自己的微小，这在社会生活中会造成很多纷争与不和；都应该防止愤怒，它会使我们和别人，别人和我们发生冲突；都应该防止吝啬，因为吝啬会使人成为无用的、遭人鄙视的人；都应该防止纵欲与过激行为，因为纵欲与过激行为会使人堕落，使人的身体受到伤害，等等。同时，都要学会珍重美德，那些一起生存的人每时每刻

都在为自己的快乐和永久幸福做贡献，要把美德看作赢得他们情感的有效手段。

历史的学习会通过实例证实教授给年轻人的道德原则。恰当呈现的历史只是经验和事实的长期延续，这些经验和事实会证明，在每个时代，都只是高尚的道德为国家的繁荣、富强和光荣做出了贡献；而恶习则会日复一日地造成可怕的国家衰落。学生会感到，在任何时候，高尚的公民道德都会让他们出人头地，也让他们爱他人，尊敬他人；即便在贫穷和遭遇不幸与牢狱之苦的情况下，也要看到别人的高尚和伟大。当他们为亚里士多德、苏格拉底、福基翁[①]这类人的命运流下眼泪的时候，会认识到他们高尚的道德并没有消逝，而且这种道德虽然常常受到现代人的嫉妒与恶意攻击，但一直没有停止对后人产生正当的影响。因此，我们的学生会愿意成为道德高尚的人，如有可能，愿意像那些给予过他们极大鼓舞的榜样人物一样，成为伟大的人。 176

明智的教育绝不会让年轻人去仰慕历史上那些行凶谋杀的著名人物、帝国的毁灭者和傲慢的征服者的战功与荣誉。我们永远要让人们认识到，那些被愚蠢地奉若神明的人都是可耻的强盗和名声显赫的魔鬼，他们轻易对一些民族大肆屠杀和残酷侵害，他们丑恶的名字应该遭到后人的憎恶。现代历史只会拉近我们与历史画面的

① 福基翁（Phocion，公元前402–前318），雅典政治家，将军。公元前322–前318年为雅典的实际统治者；尽管他曾领导过反马其顿人入侵雅典的保卫战，但翌年他奉命前往乞和，他也曾努力参加过反马其顿的独立运动。后来，他以马其顿代理人的身份统治雅典。公元前318年，他被废黜，被判叛国罪遭处决。但不久后雅典人又为他举行国葬，并立像纪念。——译者

距离，为古代文化在先前几个世纪发现的道德的本质提供新的证据。我们会在其中发现，那些缺乏理智的国君在践踏道德准则的同时，使他们的国家和全部国土成了悲哀、痛苦和贫穷的地方。

177 道德与历史若以可感知的方式努力介绍给年轻人，会使他们养成感觉、思维和表达的习惯，习惯于正确地思维，合理地判断事物；会使他们学会认识什么是好的、可爱的、值得尊敬的东西，分辨出真正耻辱的和不道德的东西。简而言之，在这方面，道德教育的课程包括语法、讲话艺术、思维和推理艺术。这种实验性的道德教育，由于受到激发想象和印入记忆的榜样和行为的激励，要比难以理解的枯燥的**语法、句法**规则更容易被接受，甚至对于更成熟的人来说也一样，可是，现在到处都在延用老一套办法摧残儿童。对于青年人来说，这种道德教育似乎比华而不实的**修辞学**课更具有说服力和感染力。总之，这种道德教育要比那种充满论证的、既能支持谎言又能为真理辩护的**逻辑学**更能让人学会如何进行推理。年轻人在生活行为中学会推理尤为重要：这种逻辑在人生的每个时刻都是有用

178 的：懂得因果关系的人，善于连贯思维的人，一定会成为正直的人，成为好公民、好配偶、好父亲、好朋友，成为对社会很有价值的人。坏人只不过是一些不会推理的人，他们都煞费苦心地招人憎恨。

我们在教学生懂得认识自己以后，在让他们学会处理他们与别人的各种关系以后，接下来要逐步教育学生学会观察周围的存在物（êtres）及其用途。年轻人特有的好奇心足以让其产生理解大量新鲜事物的欲望。**自然史**把大自然丰富多彩的景象呈现给他们，使他们产生浓厚的兴趣：他们看到自己与动物之间的关系和相似的地方；他们发现动物和自己一样也有感觉的官能；因此，要教育他们

禁止伤害动物，避免暴虐动物的习惯有一天会使他们变成不人道的
人。同样，还是由于好奇心，学生甚至会在玩耍中学到植物、矿物、
金属、石头等等的名称和用途。**地理学**会使学生接触更广泛的知
识，会让他们知道自己居住的地方幅员辽阔，还居住着各种不同的 179
人种，会认识到应该爱他们，因为他们是自己的兄弟，自己的同类，
而且会认识到自己和他们的关系虽然疏远，但毋庸置疑，正是这种
关系使共同的人类得以构成。此外，他们也会懂得，那些居住在遥
远地方的民族，借助航海与贸易，给他们的生活带来快乐、方便和
许多需要的东西。他们很快就想知道人类怎样成功跨越大海；他们
会认识到要明白这样的问题，必须掌握机械学、天文学和物理学等
方面的知识。

基于这种教育方法，在好奇心的吸引下，年轻人可以获得人们想要教给他们的一切知识。因此，教育可以在没有约束和眼泪的情况下，逐步让学生涉猎人类知识的各个领域。但是，对于每个个体而言，要根据他将来所从事的职业，集中教授相关的知识；教育要让他们懂得要博得同胞的尊重和情感，自己必须有卓越的才能，使自己成为一个有用的人，将来能够在社会上担任某种职务。

因此，一个生来就要管理社会的人要懂得自己肩负着造福于全 180
体人民的义务；之所以服从于这个义务，是因为希望自己不辜负人民的期望。在我们的认识中，君王都是公正的，因此，他们应该迫使或激励全体公民都避免相互伤害，成为相互有用的人。对所有的君主都应该给予这样的教育：作为对全民都有用的人，他们应该迫使臣民永远做相互有益的事情。对国君的教育，不要企图把臣民从事不同职业所必须的所有知识都教授给他，只应该让他懂得对国家

来说，什么是真正有益的，什么是真正有害的，什么应该给予恰当的鼓励或制止，什么应该给予奖励或惩罚：这才是真实的政治和真正的统治艺术所在。

假定如此，君主就应根据他所接受的教育，确保政府每个管理
181 部门都安排有能力并热心为国家效力的公民，如大臣、法官、神父、谈判代表等等。给予高贵的职位是国君的一种奖赏，但这种奖赏只应该是对于才能、功绩、道德即为祖国效力的能力和意愿的奖赏，这既有利于国君自身的利益和荣誉，也会使受奖赏者在同胞中享有威望。造成一些民族不幸的最常见的原因是，最尊贵的职位由于恩惠、阴谋手段和出身被没有原则，没有知识，没有道德的人（很少以功绩为条件）所占据，他们的恶习与无能使国君及其臣民陷入艰难的困境。安排显耀的职务和职位常常好像在进行**奖券赌博**。教育应该尽早为君主培养习惯于工作的、专心的、立志出人头地的合作者，他们在国君的大臣们领导下，能够学会具体的行政管理。要做到大臣的职位，必须具有必要的学识，能够以有利于国家的方式来履行职责，能够给国君和自己带来荣誉。无能的大臣既有害于自己的国家，也让给予他信任的君主遭人鄙视。

182 好的国君并不多见，因为没有什么人像他们那样经常被忽略了教育；通常情况下，一切都让他们相信国家就是为他们而建，他们不欠任何人任何东西，因此，他们没有得到任何有关义务的教育；他们认为，统治就是有权随心所欲。负责君王教育的人似乎已经接受了柏拉图让色拉叙马霍斯（Thrasimaque）说的可怕箴言："对社会好的统治就是体现统治者的利益；不公正对于统治者来说，永远都是有益的；只有不公正才是真实的政治；公正只是愚蠢和天真的反

映，只能说是弱智的表现。”[①]

因此，国君的教育常常是公共教育败坏之源。这样，从幼年起，人们就培养固执倔强的暴君，他们成天放纵，任性，只愿意身旁的人满足自己，对大臣们也别无所求，只要求他们扩张权力，以 183
满足压榨臣民的需要；他们希望教育让公民习惯于盲目服从他们无理的指令。良好的教育与专制政体的政治意图是互不相容的，因为专制政体想有藏身于整个社会废墟的权力。

好的国君才能培养和选拔好的大臣。凡是只靠出身和恩惠才能走上重要职位的地方，无知和愚昧就给予阴谋诡计得以施展的机会；有钱就足以获得和行使权力；能够为所欲为的人既不需要教育，也不需要知识，更不需要道德。因此国家最重要的职位往往被德不配位的人和低劣的公民所占据。我真无语了！社会等级较低微或被傲慢的权势所鄙视的人们，光荣地从事着有益于社会的职业，在自己同胞心目中，他们应该比众多侵吞祖国，使祖国走向毁灭的平庸的朝臣、无知的贵族和无德无能的高官显宦更值得 184
尊敬。

在不公正的政体下是不可能有竞争的，而竞争应该是全部教育的灵魂。若君主把所有的职位、奖励和荣誉都给予了出身、恩惠、金钱和阴谋，那他就丧失了绝大多数臣民的才能。明智的政治应该让全体公民从青年起就开始有有益竞争的意识：奖励要给予真正有功绩的人；职位要通过竞选来获得，每人都以自己的学业努力参加竞选；公民从幼年起就习惯地看到，在命运安排的生涯里，只有依

① 见柏拉图:《理想国》(*De la République*)。

靠自己的劳动才能达到目的。这样，在国家所有职业岗位上，无论是高尚的职业还是中低等职业，到处都是有能力为国家效力的人。这样，打算将来以军人为职业的年轻人，他可以期望凭借勇敢和才
185 干得到军人所有的各种军衔、荣誉和奖赏；打算将来以法官为职业的人，他可以展望将来凭借卓越的功绩被提升到显贵的职位；打算将来以教士为职业的人，他会努力获取知识和资格，以获得符合自己身份的恩泽；打算以文学和各门科学为职业生涯的人，他会努力达到政府为他规划的目标；工匠、工人和农耕者会凭借自己的手艺力求出众，从而获得别人依据他们的付出给予的不多回报。总而言之，不论任何职业，任何社会阶层，崇高的竞争都能激发人们的美德，可是，长期以来，在荣誉和奖励的分配中美德一直被无耻地遗忘了。

青年是国家的希望，政府可以通过同样的方法培养出称职的教师，使他们配得上承接教育青年这样的重托。他们为国家培养有知识、有道德的公民，人们应该给予他们荣誉和尊敬，这样会激发起
186 他们更高尚、更愿意奉献的情感，不像人们为了让孩子有朝一日走上国家最重要职业岗位而花钱雇用的教师，人们在把孩子的早期教育托付给他们时，他们普遍都可鄙地以金钱为目的。我们看到，大多数君主都对公共教育漠不关心，由此可知，他们对自己国家的国民素质的好坏很不在意。①

在每个国家，人们都在不停地以巨资兴建豪华的宫殿、无用而

① 这样严厉的指责并非针对俄国皇帝（叶卡捷琳娜二世），俄国民众刚刚看到他们国家颁布的《青年教育计划》，这个计划应该让那些文明国家的君主们感到脸红。就在今天，斯基泰人也为欧洲各国的国君树立了值得记忆的榜样。

耗资昂贵的纪念性建筑；丝毫不考虑奠定社会大厦的基础。过于尚武的政府只注重军人的培养，让其余的公民接受纯神学和常规的教育，这种教育根本不适合培养在其它社会门类为祖国服务的公民。古代语言对于现代人来说已经是死的语言，但是，对于学习神学的学生来说是有用的、是必不可少的，他们为了学习必须埋头钻研古迹。古代语言对于医生来说也是有用的，对于专业学者来说，也有助于他们的消遣和研究。但是，对于法学家和法官来说则是无用 187
的，因为在每个国家，法学家和法官都需要明晰的、用全体公民都可以理解的语言书写的法律原则。[①] 总之，苦学这种死语言对于有时间致力于文学研究的人来说是必要的，但对于将来所从事的职业根本用不到这种语言的年轻人来说，则是纯粹浪费美好的时光。在欧洲，人们向所有愿意学习的年轻人教授拉丁语和希腊语，但是，人们花费多年宝贵时间学习这些无用的语言，最终却很少有人能较好地掌握，或者说，如果他们的状况情况不允许他们继续研学，他们很快会忘记这些语言。

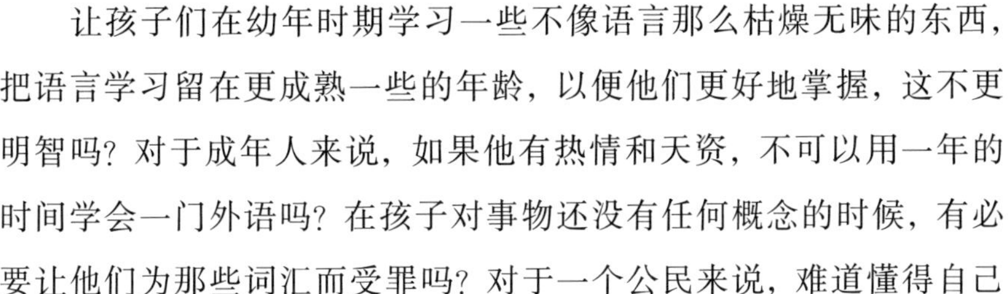

让孩子们在幼年时期学习一些不像语言那么枯燥无味的东西，
把语言学习留在更成熟一些的年龄，以便他们更好地掌握，这不更 188
明智吗？对于成年人来说，如果他有热情和天资，不可以用一年的时间学会一门外语吗？在孩子对事物还没有任何概念的时候，有必要让他们为那些词汇而受罪吗？对于一个公民来说，难道懂得自己

① 我在前面（第六章）已经指出，在法国，法官是唯一完全不经过预备教育的职业，虽然这种职业很重要。但是，准备将来从事法官职业的年轻人必须懂拉丁语，以便他能够学习“罗马法”，虽然它在法国没有任何法律效力。唉，愚蠢的惯例！……

国家的语言不比懂得已经不再使用的希腊语和罗马语更有意义吗?

对于一直盲目地按部就班运行至今的教育，贤明的政府会权衡其利弊。如果相信这种教育的拥护者们话，公共教育就是完美无缺的了，可是，我们很少看到那些培养年轻人的学校培养出能干的人才来，更不用说培养出懂得在社会上生存的公民了。年轻人在完成学业以后，即便成绩最优秀者也不知道究竟何为国家，何为公共社会，何为君主，何为臣民，何为公民，何为家长，何为老师；他们没有任何关于身份和职业的概念。如果他们很好地学习了该学的课程，那么，他们对于雅典、斯巴达、罗马的历史和风俗的了解远远超过对他所出生的城市的历史和风俗的了解。简而言之，在对他们来说最重要的事物面前，他们还是没有经验的新手。

189 再者，青年学生刚涉足社会，根本没有社会义务的概念。老师教给他们的普遍都是禁欲主义和静修生活的道德准则，更多地以精神寂静为目的，而不是为了必须经历的活生生的社会生活。实际上，负责全国青年教育的宗教界神职人员似乎已经忘记，他们不应该把所有的学生都培养成独居的人、聚居的修士或教士，他们大多数人将来是要成为军人、政治家、法官、公众人物和公民的，虽然他们各自都有自己的宗教义务，但也必须履行社会生活所要求的一切义务。宗教为了提高人们的素养，把一些超自然因素（motifs）讲述给人们，但是，老师不应该忽略这些因素与一切自然的、人性的、可感知的因素的结合；经验告诉我们，这些因素对人们精神的影响远远大于精神因素，远远大于遥远的奖励或畏惧因素。那些教育年轻人的人，他们似乎不怎么了解正义、仁慈的上帝的道德法则与自然的、人性的、社会的法则的一致性或同一性。这些因素只有统一起来，成为一致的东西，才有可能对人产生更有效的作用，使人变得更好。

因此，每个立法者在他把公共教育托付给宗教界神职人员时， 190
都应该让他们意识到：宗教、道德、政治，三者要以教育为手段，集中各方面的力量，让年轻人铭记诚实善良的原则，把他们培养成良好的公民。就像我们已经充分证明了的那样，宗教是把自己的权利建立在与良好道德统一的基础之上；而政治也只有通过道德教育传授权力认可的思想才有利于自己。它们的利益一旦相互分离，人们就会无所适从：相信宗教，他们会失去社会所必须的道德；相信社会道德，他们会失去宗教；或者最终，统治者及其臣民既不大遵从宗教，也不大遵从自然道德最神圣的训诫。由于这种不幸的不统一，我们常常看到虔诚的基督教徒满足于践行自己宗教所推介的**福音主义**道德和神授道德，表现出对人文道德和社会的道德的深度鄙视；或者，我们看到一些无宗教信仰者鄙视宗教道德，因为他们认为宗教道德是无用的，甚至是违背社会利益的；此外，我们也经 191
常看到独裁者和暴君既无视神授道德，也无视人文道德。这种不幸的分离给百姓也带来极大的思想上的混乱。一切都集中证明，道德对于所有的人都是一样的，同样的社会道德，既能够塑造良好的公民，也应该能够培养出好的教士和好的君主。

公共教育必然影响国家的利益和安宁，因此，值得每个好的政府予以关心和重视。君主应该设立专门部门和专门职务来负责这件重要的事情；其职责是监督教师的行为，强制他们只能向年轻人灌输有益于社会的原则。为了使这些原则能够一贯始终，不为教师的个人兴致所左右，政府首先应该考虑的事情是，编制简明的适

应学生年龄、能力和智力的《道德规范问答》或《社会道德规范》。
192 对于极少数孩子来说，好的基础知识课本、引起他们的兴趣，甚至带给他们快乐的授课方法，仍难以让他们接受道德训示；通过举例、讲故事和日常所见的现象可以使道德训示更明白易懂，便于记忆。

教师的错误往往使他们的课让学生感到乏味，从而达不到应有的效果。通常的情况是，负责培养年轻人的人自身没有接受过适当的教育；他们傲气十足，缺乏理智，对弱势的孩子滥用权利，人们看到孩子们流着眼泪，颤抖着接受批评，这种批评对于当时思绪纷乱的孩子来说必定是没有效果的。正是教师的不人道、恶劣情绪、任性和专横的、往往是不公正的体罚（至少是无能的表现）使他们的教学没有好的效果，甚至扭曲了学生的感情。专制主义不管表现形式如何都或是践踏灵魂或激起灵魂的反抗：教师的专制主义只能
193 让学生产生被奴役的可鄙情感，让他们学会虚伪、奸诈、撒谎和由于畏惧而产生的一切不良行为。[①] 另外，专横暴虐毁掉了孩子们的正义观；使他们认为，权力就是伤害，就是为所欲为。由此可见，奴役式的教育只能培养出懦弱的人，或蛮横无理的人（有朝一日他们有了一定的权力）。

培养正直的、看重荣誉的公民对国家有着重要的意义。因此，政府应该在公共教育中消除一切让人厌恶的卖弄学问的风气、一切

① 哥特人的国王狄奥多里克（Théodoric）不愿意让他的军人们的孩子常去学校，因为他认为人们在经历了对于戒尺的畏惧以后，不可能不畏惧剑或矛。他简单地废除了戒尺的使用，把哥特人的孩子从野蛮中拯救出来，送他们到较少有奴性的学校学习。

专横的权力和一切伤害性惩罚。教师不应该表现出冲动和任性；他们应该让课堂轻松愉快，惩罚要怀有善意，要讲明道理；纠正错误要冷静，要有平和的态度，让学生认识到公正的处罚是为他好。对学生不合常理的体罚是没有效果的，只能扭曲他们的思想，在他们 194
的心灵里混淆本来清晰的公正与不公正、能力与权利的概念。

因此，像所有其它行政管理一样，政府应该保护弱势儿童免受来自自己老师的、往往是极不公正的权力伤害。对于政府来说，拥有众多诚实、善良、正直的公民，要比放任无用地折磨孩子，使他们不同程度地变成相对狡猾的人更为重要。伟大的天才并不多见，科学知识只能依靠勤奋来获得；但是，人不论何种身份，都容易接受道德，因此，每个人都可以成为很好的公民。

因此，每个立法者都应该给予国民教育以特别的关注。当我们让弱势群体和穷人不再受大人物和富人的欺压和凌辱时，社会下层公民就会有高尚和自命不凡的精神，也会有荣誉感，无论居家还是在外，都会表现出自尊。[①]现在，全民族绝大多数人只有神职人员传 195
授的伦理道德观：可是，这种宗教道德所关心的是另外一种生活，似乎过分忽视了现实生活所必需的道德准则；它并不向民众讲述使人向善的人性的、自然的、可感知的动因，只是指出遥远将来的福报与惩罚，而这对于民众来说，通常并没有多大的触动。总而言之，我们常常看到，民众把酗酒、行窃、荒淫、堕落和宗教生活联系在

① 欧洲最自由的民族也是住所和衣着最干净的民族。自由产生富裕，富裕产生干净。英国人和荷兰人的干净与西班牙人、葡萄牙人、意大利人和俄罗斯人……的不干净同样让人惊叹。

一起，在他们的心里，宗教生活就是走出家门的社会交际。[①]

我们应该相信，如果神职人员愿意把宗教道德原则和教义与明显的人性道德原则结合起来，它们对于民众的教育会有更好的效
196 果，因为人性道德向人们证实，人无论何种身份，公正、善良、正直、节欲都会受益终身。由于人们从幼年起就被反复灌输这些原则，所以，工匠、手艺人、农耕者、穷人都懂得，要正直地生存，就必须劳动，懒惰就必然要染上恶习；恶习就必然走上犯罪，而犯罪就难以逃过法律的严惩。这些道德原则会使他们认识到，要想过上富裕的日子，为人必须力求行为正派，用心做事，诚信交易，做事不经心或靠欺诈是难以得来的；这些原则告诉他们，狂暴的情绪对于任何一个任性的人来说，都会让他面临刻骨铭心的危险；纵欲会使他们失去理智，体质衰弱，走向苦难。人性道德的原则适合每个阶层的公民，人们从幼年起就被告知，什么是符合自己身份的品质，应该养成什么样的良好品德，什么是可怕的恶习，为了自身的利益，应该远离它们。

贱民之所以像今天这样如此堕落，如此遭人鄙视，只是因为政府没有让他们接受适宜的教育。建设得好的国家应该有免费公立学
197 校，让穷人的孩子在这样的学校里食宿和接受教育；法律应该强迫家长必须把自己的孩子送入这种学校，让孩子享有家长所无法给予

① 一个巴黎妓女每天早上去做弥撒，为的是一天能够幸运地碰到更多的老风流。一个叫雅伊的阿姆斯特丹人因为行窃被抓，原因是他不愿意在安息日逃走。——德·凯吕斯（de Caylus）先生在其《回忆录》里告诉我们，路易十四的情人蒙特斯潘夫人每逢星期五和星期六都特别注意瘦身：这说明贵族的想法并不比平民百姓好到哪里。

的教育和面包。贺拉斯说："绝没有野蛮到文化无法驯服的人。"[①]

另一方面，神职人员丰厚的收入始终使关心这一事业的政府能够建立道德教育学校，并能给予所有在政府监管下从事青少年教育者以优厚的待遇。难道宗教会谴责这种把奉献给上帝的金钱用于如此高尚和慈善的事业的行为吗？还有什么比从这些乐善好施的人身上看到公众与个人的快乐之源，更能提高神职人员在幸福的、崇尚美德的人民眼里的地位呢？真实的慈善永远都是向穷人行善，真正的荣誉永远都在于报效祖国，使国民更加优秀。

我们在前面已经讨论过妇女的教育（见第七章）。我们已经让 198
人隐约看到，对于一个好的政府来说，给予这部分可爱的社会成员以道德原则的重要性，因为她们必然要影响到全体国民的利益。无需多加思索，我们就极易认识到，在很多方面，妇女同样需要接受男人所应接受的道德规范教育。她们需要有自我的认识，知道自己作为或将要作为女儿、母亲、妻子和公民所应尽的义务；她们需要通过教育学会在任何生活境况下都能让自己快乐，学会戒除妨碍自己永久幸福的行为。家庭安宁有赖于教育，而民族大家庭或民族社会是由一个个家庭汇聚而成的。

由此可见，对妇女的教育（包括对男人的教育）应该让她们知道践行良好的社会道德给她们带来的好处。正义会使她们懂得，在自己没有表明意愿的情况下，不能接受别人的情感。她们敏感的心灵很容易被仁爱、怜悯、夫妻之爱、母爱、友爱这样人性的、温暖 199

① 拉丁文原文：Nemo adeo ferus est qui non mitescere possit, Si modo cultura patientem commodet aurem.

的情感所打动。这种敏感在正义的启发下，永远不会被引入歧途，不会再青睐那些不大适合自己的事物。

我们发现，女人普遍都非常感性，很少理性思维。她们身上的这个缺点来自于教育没有使她们养成反思的习惯，没有培养她们克制一时的兴致、冲动和爱恋的正确思想。由于缺少理性思维的教育，没有养成考虑和权衡自己行为利弊的习惯，女人的意愿往往是不正确的，她们让孩子留在身边，备加溺爱，有时娇惯成让社会十分讨厌的独断专行的人。

实际上，妇女教育中的错误跟国君教育中的错误如出一辙：人们灌输给她们的满脑子都是虚荣心；人们告诉她们生来就是要支配别人的，就是要永远受到崇拜者们的赞美，无论是她们的性别，还

200 是她们的魅力和装扮。这就是漂亮女人遭人指责的全部缺点之根源。人们只是让她们关心自己的外部形象、装扮和发挥自身魅力或隐藏缺点的行为方式，以及用以赢得欢心和扩大奴仆人群的巧计。我们依据社会地位和贫富的不同对于女子所实行的教育只会让她们要么成为卖弄风情的女人，要么成为暴君，后者像那些意欲经营自己帝国的暴君一样，最终都成为某个不称职的宠儿的奴仆和受骗者：这个人搅得家庭不得安宁，使女主人在众人眼里失去尊严，似乎变成了他的囚徒。

我们看到，对注定要在上流社会出头露面的女子的教育到处都不外乎舞蹈、音乐和讨好、吸引别人的技巧：一旦她们没有天生好的秉性，她们带给这个世界的只能是恶习、任性和堕落。那些自感风姿秀逸，自负其能的女子让所有接近她们的人都普遍感受到她们

201 的傲慢与骄矜；而那些姿色欠佳的女子则会明显表现出嫉妒、忧悒

和低落的情绪。几乎所有的女人都迷恋同样的没有价值的东西，因此，她们之间经常不断地竞争，相互间很少能有较长时间的尊敬和友爱。她们的依恋普遍都只是以寻求乐趣为基础；另外，有些人没有劳动能力，经常无所事事，游手好闲，由于精神空虚而深深陷入忧虑之中，对于她们来说，相互依恋也只是为了消遣而已。

对女人的教育应该让她们尽早养成热爱劳动的习惯，不论她们一生从事何种职业，这都是很重要的，要么可以使她们摆脱往往会把她们拖向堕落和毁灭的忧伤，要么可以使她们正直地生存，避免恶习和犯罪。

对于财运好的女子来说，教育应该让她们懂得适度节俭，这会使她们受到自己丈夫的尊敬和家庭的爱重；如果她们花钱大手大
脚，铺张浪费，贪图享受，就会成为不招人待见的妻子和可憎的晚 202
娘似的母亲。总之，教育要以妇女可接受的知识充实她们的思想，给予她们精神力量，以克服在青春期过后一般都会出现的困扰她们的烦恼。

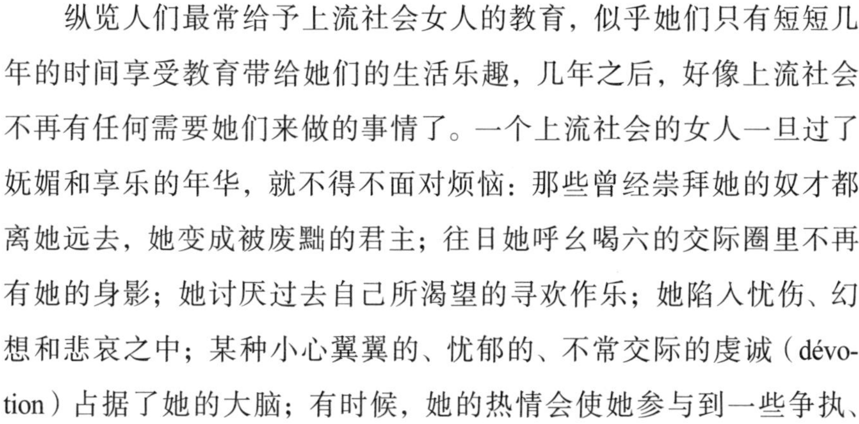

纵览人们最常给予上流社会女人的教育，似乎她们只有短短几年的时间享受教育带给她们的生活乐趣，几年之后，好像上流社会不再有任何需要她们来做的事情了。一个上流社会的女人一旦过了妩媚和享乐的年华，就不得不面对烦恼：那些曾经崇拜她的奴才都离她远去，她变成被废黜的君主；往日她呼幺喝六的交际圈里不再有她的身影；她讨厌过去自己所渴望的寻欢作乐；她陷入忧伤、幻想和悲哀之中；某种小心翼翼的、忧郁的、不常交际的虔诚（dévotion）占据了她的大脑；有时候，她的热情会使她参与到一些争执、

虔诚的秘密结社和危害社会与民众安宁的阴谋当中。[①]由于教育的
203 缺失而不会从事有益的劳动，许多女人从堕落走向伤感，从放荡走
向困境，从恶习走向误解的虔诚，成为家庭和社会都讨厌的人。在
一些不安分男人们的操纵下，她们有时候会成为极其危险的工具。

对于女孩来说，最有远见和最聪明的教育就是为她们树立目
标，让她们有事可做，能够一生都快乐而自尊地生活，既不让身边
的人感到不快，也不给社会安宁带来危害。有些虔诚的女人因某些
缺点而焦虑不安，究其原因，都在于她们通常在教会学校所接受的
教育，因为在教会学校里，人们只专注于另外一种生活，对于现实
生活中有用的和必需的东西一无所知，所以，不可能教育青年学生
懂得为了自己和他人的幸福，应该有怎样的现实生活行为。更开明
的虔诚会使她们更和善，让注定要在社会上生存的女人懂得，她们
204 必须考虑自己家庭的幸福，必须成为讨自己丈夫和自己经常交往
的人所喜欢的人，必须关心自己孩子的教育，必须照看好家里的仆
人，永远不参与危害社会安宁的、自己在其中只能扮演滑稽而不得
体角色的派别纷争、阴谋活动和党派团体。

无论什么性别，什么身份，什么年龄，良好的道德都是适宜的，对于女人来说，有了良好的道德，就会避免虚荣心、放荡和心胸狭窄这些人们在女人身上经常看到的缺点。学习历史会使她们在乐趣中受到教育，使她们认识到，有胆量、有勇气、爱祖国、崇尚荣誉和美德的女子过去有，现在也能有。值得记忆的例子有斯巴

① 米罗尔·哈利法克斯（Milord Hallifax）说：“女人中的虔诚往往只是为了掩盖她们失去魅力后的失望。”见《一位父亲给自己女儿的忠告》（*Avis d'un pére à sa fille*）。

达[①]和阿尔戈斯[②]的妇女，有像科涅莉亚[③]、赛罗妮的（Chélonide）和芝
诺比阿[④]那样的女子，难道她们不能说明女性也有能力、有爱国心、
有智慧和高尚的心灵吗？这是那些被奴化的和堕落的民族的男性
往往都难以具备的。在那样的民族中，女人沉溺于享乐和无聊的琐
事，只想着怎样消遣取乐，由于长期的幼稚而很快变得昏聩无能， 205
她们从来不做可称之为理性的人所做的事情，她们一旦插手什么事
情，只能把事情搞砸。[⑤]

好的政府通过改造奢华，关心妇女教育，会使妇女成为忠实的妻子、亲切的母亲、可靠的朋友、最受社会尊敬的成员，总之，会使她们成为为祖国培养优秀公民的公民。

① 斯巴达（Sparte），古希腊伯罗奔尼撒（Péloponnèse）地区的城邦。斯巴达人以其严酷的纪律、英勇善战和军国主义而闻名。在伯罗奔尼撒战争中，斯巴达人及其同盟者战胜雅典军队，占领整个希腊。——译者

② 阿尔戈斯（Argos），希腊城市，位于伯罗奔尼撒半岛东北部。它是欧洲最古老的始终被居住的城市，至今有约 5000 年的历史。从公元前 6 世纪开始，阿尔戈斯一直与斯巴达竞争，两个城市之间斗争不断；公元前 494 年，阿尔戈斯败于斯巴达，两个城市成为仇人。——译者

③ 科涅莉亚（Cornelie，活动时期公元前 2 世纪），是第二次布匿战争的英雄大西庇阿（Scipion）的女儿，罗马改革家格拉古兄弟（Graques，约公元前 189-前 110）的母亲。她有极高的文化修养，是罗马女人理想的典范。——译者

④ 芝诺比阿（Zenobie ?-274），罗马属下帕尔米拉（Palmyre）殖民地的女王（267-272）。芝诺比阿的丈夫奥登纳图斯（Odenath）是统治帕尔米拉的罗马藩主，后被暗杀。在其丈夫死后，芝诺比阿自称帕尔米拉女王，先后侵占埃及和小亚细亚大部分地区，宣布脱离罗马而独立。罗马皇帝奥勒利安（Aurelien）经过两年战争（271-272）将其击败，芝诺比阿作为战俘被解往罗马。——译者

⑤ 对于一个国家来说，如果女人的势力很大，那是一件非常麻烦的事情。因为她们热爱某种事物时，通常是既不考虑也不知道原因的，那些听取她们意见的人必然会做出不公正的决定。有些国家凡事都让女人参与，结果都治理得不好。有一句意大利谚语说的好，“母鸡打鸣公鸡暗，家有不幸。”

206 # 第十一章　关于婚姻、家庭生活或私生活的道德法则

在一切文明国家里，法律都使得婚姻关系神圣不可侵犯：法律的意图在于，为国家生育孩子之源必须是神圣的和纯洁的；因此，法律往往严惩婚外奸淫罪。根据摩西律法，通奸的男人和女人都要处以死刑。① 如此严厉的法律说明，最贤明的立法者对破坏婚姻罪是何等的憎恶；在他们看来，婚姻对社会而言是最神圣和最重要的。

207 然而，在一些国家，通奸的例子不计其数，通奸最终被看作微不足道的小事，政府对之视而不见，国家堕落竟然成为合理的事情，这是什么样的观念？如果君主因犯罪者众多，不能颁布残酷、血腥的法律，那他至少不可以迫使这种犯罪暗藏在隐秘、阴暗的地方吗？对于那些他不愿以严酷法律惩处的人，他不可以通过明显的鄙视、剥夺他们的权利、不再对他们宠信等手段让他们受辱吗？我们完全有理由设想，在一个意欲重建风尚的君主制国家，如果君主屈尊亲自清除一切犯有这种**高雅**罪的朝臣的话，那至少会使得他们

---

① 见《利未记》，xx：10;《申命记》，xxx：22。如果一个男人与一个已婚女人通奸，那么这个男人和通奸的女人都必处以死刑：以这样的方式，把邪恶从以色列驱除出去。德拉古（译者按：Dracon，活动时期约公元前7世纪，雅典立法者）的法典也规定对通奸罪处以死刑。

不敢明目张胆行事，迫于羞耻躲在暗中做那种罪恶的事情。对于有着无限权力的国君来说，恢复国家的良好秩序或不让恶习公然存在，并不需要通过严酷的法律。

在某些自认为文明的国家，尽管违背夫妻间的诚信要受到法
律或权力的惩罚，但受惩处的只是最值得同情和最容易被诱奸的女 208
性。一个女人尽管与一个暴君犯同样的罪（在公众看来），但女人却常常由于暴君的指控而遭受可怕的牢狱之苦！公正的法律难道至少不应该允许女人申诉她们所遭受的侮辱，要求权力当局或法庭严惩犯罪者吗？被认为更明白事理的较强的犯罪者，难道不应该比往往只是由于软弱而犯罪的女方接受更为严厉的惩处吗？总之，难道有了政府或权威的允许，压迫权就应该到处都成为一种欺压弱小和不幸者的力量吗？

这样的不公正应该有更公正的法律来加以消除；希望法律在严惩妻子出轨之前，首先遏制丈夫的恶习；希望妻子在社会力量的支持下，有权申诉她难以与其继续生活下去的丈夫的家暴、虐待、难以忍受的欲望和无休止地乱发脾气；希望这样的暴君失去他随心所欲滥用的一切权利；希望法律剥夺他的统治权；也希望夫妻永不分离。

我不在此反复讲述人们会认为支持离婚的东西，无论如何，离 209
婚应该显示出它的益处，而源于自然而非空洞偏见的法律，则应该给予它最大的方便。在罗马，争吵的夫妻到女神祭坛前和解，让他们言归于好是女神唯一的职责。[①] 但是，不加考虑地只让在痛苦中

① 见瓦勒里乌斯·马克西穆斯（译者按：Valère Maxime，创作时期约公元20年，罗马历史学家和道德学家）:《善言懿行录九卷》（*Faits et dits mémorables*），第二卷，第一章。该女神名为维里普拉卡（Viriplaca），在帕拉蒂尼山（Palatin）上有神庙。

挣扎的夫妻关系变好是无用的，这常常是残酷的、不可容忍的、令人愤慨的暴虐。没有一种真正神圣的法律会要求只能相互憎恨、相互折磨、相互制造痛苦的人必须结合在一起。没有一种社会法会允许如此明显的流弊，把婚姻变为一种让人最不能容忍的义务。这不是让一个做丈夫者经受梅岑斯火山般的苦刑吗？这不是强迫他把一个他从内心感到厌恶的淫荡堕落的奸妇留在自己的怀抱里吗？[①]

210 今天，在一些崇尚理性的国家里，法官会把不知羞耻的妻子留在自己身边的奸生子判给已分离多年的丈夫，我们为什么对这种过时的法律依然卑屈地恋恋不舍呢？人们说“婚姻应该是父亲的象征”；[②]这种让人无法理解的成规是为了保证子女的境遇和家庭的安宁。但是，这种安宁可能是苦涩的，它是让丈夫认可无耻的妻子的后娘式母亲的淫乱，这无耻的妻子给婚生子女带来侵夺者的兄弟[③]！为什么不能通过离婚让丈夫与一个会让自己的孩子被迫沦落到乞食地步的不知羞耻的女人永远分离开呢？

因此，我们希望立法者能够想到不文明的法律中的一切非正义

① 按照维吉尔（Virgile）的话说，这个暴君是在把活人和死人捆绑在一起（*Mortua quin etiam jungebat corpora vivis*）。罗马法允许女人离弃丈夫。一个犹太人可以因为妻子把肉煮得过火候而休掉她。——埃尔维拉会议（译者按：Concile d'Elvire，西班牙教会有史料可查的第一次会议。会议通过教会法，规定对拜偶像、多次通奸、遗弃配偶、乱伦等罪行必须严惩。）规定，对明知自己妻子有出轨行为仍不离弃的神职人员要判刑。——在康斯坦丁（Constantin）和狄奥多西（Théodose）时期离婚还是允许的。见培尔（Bayle）：《文坛新闻》（*Nouvelles de la République des Lettres*），第一卷，第517-518页。

② 拉丁语：Pater est quem nuptia demonstrant。举一个法国的例子，有一个男人在美洲的一个岛上呆了三年，三年以后，他必须承认妻子在与他分离期间有了的三个孩子为他自己的孩子。

③ 此处指同母异父的非婚生孩子。——译者

的东西；在某些国家，这些法律以违背婚姻本质、夫妻幸福、子女 211
属性和公序良俗的方法支配着夫妻的命运。我们担心，在道德败坏的城市里，每个人都因为别人的妻子而无视自己的妻子，不离婚的家庭可能寥寥无几。可是，对一些荒唐的夫妻而言，分手又有多大的坏处呢？难道捆绑在一起会是更明智的做法吗？

人们不停地抱怨无数放荡女人的虚荣心、卖俏、挥霍浪费和花枝招展的装扮，她们因此成为了家庭的祸患。嗨！不就是由宫廷传到城市，再由城市一直蔓延到国民最低层的奢华，使那些没有经验、缺乏文化教育、不懂得使自己成为有用之人的人如痴似醉的吗？如果一个浮躁、挥霍的政府不停地斥巨资举办节日活动、盛大的娱乐活动、辉煌的庆祝活动和用于刺激无数酷爱虚荣、游手好闲的女人的好奇心的演出活动，那它不就是遭人们谴责的女人的一切

荒唐行为的始作俑者和唆使者吗？通过消除奢华，给予女人以更细 212
心的教育，会使她们很快迷途知返，成为丈夫更温柔、更体贴的伴侣，丈夫也就不大会有不理智的行为。一切禁止奢华或减少非法发家手段的法律都会拉近人与理性、人与其义务之间的距离。[①]

早婚可被视为婚姻不幸福的原因之一。立法者或许应该阻止那些刚刚走出童年的配偶缔结如此严肃，如此庄重的契约，因为他们既没有体力，也没有成熟的思想来承受和完成这样的义务。有些不

① 希腊人曾有行政官员（Magistrat）或监察官（Cenceur）专门负责监督妇女的装饰与穿着，人们称这种人为Gynacomos。布朗托姆（译者按：Brantôme，1540-1614，法国作家，《伟人和著名将领，以及风流贵妇的生活》[*Vies des hommes illustres et des grands capitaines, et des dames galantes*]一书的作者）说，他那个时代的贤哲指责弗朗索瓦一世国王把大型聚会引入宫廷，经常接近和留宿贵妇。见第六卷，第336页。这是毁掉贵族身份的真正的方法。

理智的孩子很快就会厌倦，他们不会为国家生育出强壮的公民。柏拉图在他的“理想国”里主张男人在30岁以前，女人在20岁以前不结婚。

213 或许有人会说，政府不应该过问家庭事务，不应细微到家庭经济的管理。我的回答是，家庭是政治大厦的材料，建筑师应该尽可能完善进入其建筑的材料。亚里士多德论述**政治学**是从经济学开始的，也就是说，是从论述家庭内部管理开始的。意欲以堕落的或失去理智的公民来构建一个繁荣的社会，那是贫困的政治。

法律应该使那些年龄悬殊太大的配偶放弃他们的婚姻，因为在这样的婚姻里，他们不能完成社会要求他们作为公民应尽的义务。身份和地位悬殊过大的婚姻普遍都可能有言行上的蔑视，在这样的婚姻当中，配偶之间是没有共同语言的。柏拉图就富人和家境欠佳的人结婚合理地劝告人们说：这样的婚姻极有可能造成财产的分

214 割，而这些财产非常倾向于聚积到少数人手里。最后，某些政治家曾认为，结婚时不给女孩子嫁妆会有利于社会风气。

利库尔戈斯[①]曾说，结婚的人付出牺牲是诸神最喜欢的事情。梭伦[②]曾希望雅典所有的公民都为了防止通奸而结婚。罗马人曾禁止单身的人进入共和国的大广场。奥古斯都[③]在自己寓所接待客人

---

① 利库尔戈斯（Lycurgue，公元前9世纪？），传说中古斯巴达的立法者。——译者

② 梭伦（Solon，约公元前640–约前558），雅典政治家；希腊“七贤”之一。他的名字与雅典社会和政治改革紧密联系在一起。他结束了贵族对政府的垄断统治，建立了一套由富人统治的制度；制定了较为人道的新的法典。——译者

③ 奥古斯都（Auguste，Caius Julius Caesar Octavianus，公元前63–公元14），古罗马帝国第一代皇帝。——译者

时，要求单身的人站立，已婚的公民坐椅子上。好的政府通过节制奢华和改革习俗减少不婚者人数。一个堕落的、到处充斥着单身男女的国家，是不配人们为它养育公民的。儿女满堂对于富人来说是件头疼的事情，但对于农民和穷人来说，则是件幸运的事情。养活妻子和儿女对于那些孤独、自私、堕落的人来说是一种难以承受的累赘，因为，他们在自然界只看到自己的存在，在这个世界上，他们只知道享乐。

父母从孩子出生之日起就承担起了责任，要为他们的幸福而努
力，要让他们接受适合他们的教育，要使他们成为有能力正直地生 215
存的人，或受自己同胞尊敬的人。政府应该鼓励父母履行这样的责任，否则，父权就是明显的僭取：那些忽视这种神圣义务的人普遍都会受到子女的惩罚，因为孩子们不大愿意承认只有约束而没有给他们带来任何利益的权力。

恶行破坏了人与人之间本应有的神圣关系，要重建这种关系，最聪明的立法者也困难重重：恶劣的父亲在暴君式地对待自己孩子的同时，也把孩子培养成回过头来以同样方式折磨他们的叛逆者；贪婪的父亲迫使自己的儿子默默地期盼他死去，以便获得属于他的财富；放荡而无德性的父亲痛苦地看着孩子重蹈自己的覆辙。

人们抱怨说，罗马人的由法律规定的专横的父权在现代人眼里几乎毫无意义，是有道理的。但是，在一个完全不知道奢侈与放荡的贫穷国家，这种父权不加限制也无妨害。当一个国家由于富裕带
来的堕落，到处都是不良公民时，法律必须对这种父权加以限制。 216
亚里士多德曾说："父亲与其子女之间产生的民事权利并不比主人与其奴仆之间多。"在那些伤风败俗的国家里，如果孩子遭受挥霍

无度、赌博成性、荒淫放荡的父母的任性，这些父母的恶习已使他们丧失了对孩子的自然感情，那么，这些不幸的孩子的命运会怎样呢？在一个伤风败俗的国家，父权就几乎应该不存在；对于那些失去理智的家长，应该剥夺他们的权利，因为他们只知道滥用这种权利。父权只有在管理有序的国家才是有益的，因为在那样的国家，品德高尚的父亲会培养出能够造福于社会的社会成员。家庭对于孩子来说，应该是培养规矩和品德的学校。父亲作为一家之长，对于孩子来说应该是一位家庭法官，应该以其经验教训和实际事例来不断地给予社会法官或立法者以帮助。一位现代作家说："家庭就好像一座庄严的圣殿，年轻公民在这个圣殿里在慈爱的神职人员的监督之下，通过个人品德训练初步学会践行社会公德。"

217 因此，立法者只有通过消除奢华，改革习俗才能恢复建构一切管理有序的社会所必需的父权等级制度。在这期间，可以说孩子对于父母而言是暂时的陌生人：父爱和孝心只出现在保留着可贵习俗的少数家庭；我们到处可以看到儿子与父亲生活在战争状态下，有时甚至为了不体面的争吵会惊动法庭；我们看到有些孩子与十月怀胎生养他们的母亲争夺衣食；我们看到近亲之间相互仇恨，互不相认，为了一点小利不顾羞耻地相互争吵；我们看到，有些人看似亲密无间，一旦朋友处于困境，就会断绝往来，逃避救助。这些都是富裕国家里人们渴望金钱、无限的奢华、无度的挥霍和伤风败俗所造成的不可思议的现象。夫妻间的爱、父母对子女的爱、子女的孝
218 心、家庭的团结、真诚的友谊和一切美好的品德，可以使家庭生活和私生活过得幸福，这种幸福在人们沉迷于奢华与酒色，不择手段满足欲望的社会里是感受不到的。

如果说立法者不能一下改变人们邪恶的心灵，那么至少可以通过公正的惩戒来制止每天都在伤害公民的大量非正义行为：如主人的暴行，主人似乎经常忘记他们的仆人也是人，只是由于某些职责才与他们有了关系。虽然我们已经废除了古代希腊人和罗马人给予主人野蛮残酷对待其奴仆的权利，但是，当我们看到家庭佣人由于贫穷而不得不为暴君服务，受到非正义对待时，我们总觉得那样的权利依然存在：主人不仅对他们大声讲话，冷眼相待，还为了一些轻微的错误严加惩处，我们还看到有些极其卑鄙恶劣的主人扣除他们的工资，甚至殴打他们而不受到处罚。[①]

在每个国家，用来保护弱者的公正的法律，尤其应该纠正家庭 219
暴君这类过激行为，制止他们的暴行；他们在虐待和鄙视佣人，夺走他们的荣誉感的同时，使他们成为对社会十分危险的不良公民。这样，我们还会对那些失去尊严、经常因主人的榜样而变坏的人，那些没有任何道德、人道、公正和怜悯的原则，有时甚至成为杀害残酷压迫他们的人的凶手的行为感到惊讶吗？

我们前面已经强调了奢华对社会的危害，它使城市由于懒惰而引来了越来越多的雇工，同时也使农村丧失了耕作者。后面我们只是要提醒人们，城市大量游手好闲者聚集在一起，必然会产生危害社会的骚动。这些人成天无所事事，效仿比他们条件更优越的人，生活日益堕落，很快相互感染，最终染上最危险的恶习。一个进城以后还愿意保留自己家里简朴习俗的佣人，会成为同伴们嘲笑的对

① 雅典人赋予奴仆以控诉主人的权利。在英国和荷兰，主人若殴打了佣人，要判一大笔罚金给佣人，作为补偿。

220 象；他们会培养他，教他掌握一些巧妙的偷窃手段；他们会打消他的顾虑，往往会使一个最愚笨的人成为一个坚定的流氓。

在富裕的大城市，尽职尽责忠于主人的佣人少之甚少。一般来说，主人若态度轻慢，普遍都不会得到好的服务；另一方面，在大城市，佣人并不担心自己失业；因此，他很少会为了让一个他可以没有妨害地离开的主人的满意而为难自己，况且，他也希望自己消失在人群中，这样可以避免自己的不良行为为人所知。为了公民的利益，应该通过科学的管理来避免主人的不理智行为，因为他们有时会因此而面临极大的危险。每个愿意伺候他人的人都必须进行登记，同时要携带注明出生地址、家庭状况、双亲状况、有无犯罪的真实身份证明。一般来说，那些被我们掌握了上述情况的人在行为方面要比那些来历不明、会消失在茫茫人海中的人更明智一些。佣
221 人在离开一家雇主时应该重新到警察局备案，警察局根据其被辞退的原因或自愿离开的情况，对其加以处罚或给予其另寻雇主的许可。我们完全有理由相信，采取这样一些防御性措施对雇主来说有了更多的安全，对佣人来说有了更多的警戒，从而会防止大量意外的事情和犯罪发生。

但是，主人的虚荣心也是明显助长其佣人的邪恶、放肆和恶习的原因之一。有些达官显贵对此不以为然，因为他们无所不为却不受处罚，他们把自己的胆大妄为、不公正和豁免思想传给了他们的佣人。因此，诚实善良的公民在无能的政府下常常成为这些狂妄的仆人蛮横无理或残忍的行为的受害者或牺牲品。在某些国家，血统和出身造成的人与人之间的差异竟然到了这样的程度：一个领主的仆人可以凌辱、虐待和欺压一个对于社会来说往往要比其傲慢的主

人更有用的普通公民而不承担后果。其间，这个主人一般都会负责 222
处理他犯罪的仆人的诉讼案件，他会提出要求，说**他的仆人应该受到尊重**；慑于贵族的身份，法官不敢判罚一个犯罪的歹徒，因为他是王爷或贵族的奴仆。

就这样，在非正义政府的统治下，公正被忽略到如此程度，以致高官显宦身边的仆人可以肆无忌惮地做邪恶的事情。但凡懂得一点正义与人道的权利的政府，都会严惩如此危害公民安全的傲慢，让主人为其下人的犯罪行为承担责任；会迫使他们行为公平、正义，至少在公开场合，他们那种在虚荣心作祟下产生的违反社会规范的心理要有所收敛；会通过残酷的教训，让所有高官显宦都知道，最卑微的公民与最高贵的公民同样享有受法律保护的正当权利。这样的措施只会让那些由于傲慢的偏见已经毫无道德情感的人感到不快。立法者应该打压高官显宦的傲慢，他们品质丑陋，不值得作为秩序和公正之友的君主的任何尊敬。

自身真正强大的君王在惩治奢华，证明自己极度鄙视华而不实 223
的排场的同时，会向周围的人灌输更高尚、更有人情味的情感。他会认识到支持仆人愚蠢而可耻的不法行为会损害自己的声誉；他会教育自己的仆人学会尊重每一个公民；因此，他不会由于转移到注定被奴役的人身上的奢华而变坏。摆阔气，讲排场只能助长蛮横与虚荣心。

把佣人打扮得衣冠赫奕对他们绝无好处；这是以虚渺的幻想搅乱他们的头脑，使他们变坏，变得蛮横无理。任何一个仆人都应该克制自己，保持与自己身份相符的谦虚状态。鼓励他们通过好好工作来改变命运，善意地对待他们，如实地付给他们工资，这些要比让他们身穿考究的制服和头戴有羽饰的帽子更让主人体面。

总之，高官显宦往往都热衷奢华，但奢华对他们是极其有害
224 的。好的政府应该制止奢华：这会使他们清除一群无用的、消耗和骗取他们钱财并扰乱社会治安的佣人；这会让城市消除大量腐化堕落、游手好闲的人；这会让农村有了从事耕作的劳动力；最终，这会让法律不再有大量的犯罪需要惩罚。

第十二章　关于犯罪的道德立法

立法者永远遵循温和、人性和宽容的道德原则，在必须惩罚犯罪时，绝不会忘记这样的原则；他会为人们一时的荒唐行为而叹息；他只好无可奈何地相信这种行为的存在；在不得不惩治罪犯时，他会采取一切措施，弄清事实真相，以免误罚无辜：他鄙弃令人憎恶的专制主义的准则；各种怀疑、不完整的证据、可疑的起诉、不明的传闻统统都不能成为让他信服的犯罪象征；他不带兴趣和情感，永远以平静的心态进行冷静的研究，只有在无论如何都无法让一个不幸的人免于被处罚的情况下，才把他交由严肃的法律来加以惩治。[①]

225

这应该是每个法官在为了公共安全而担任让人痛苦的、严酷的法律意志的执行者时所要遵守的原则。如果愚蠢的陈规和习俗尚未使他完全成为一个冷酷无情的人，他会极度担心对被告的命运做出过于轻率的决定。对于一个具有正常情感和浓浓人情味的法官来说，还有什么比一个不幸的人在阴暗的监狱里呻吟，然后被不公正地交给残忍的刽子手那种可能时刻萦绕脑际的画面更让他恐惧和焦虑不安的呢？对于一个心地善良的法官来说，无罪者不堪忍受的哀

① 据说墨西哥神父有与预先被捆绑起来的囚犯互殴的习惯，这种如此懦弱的行为与专制的君王为预审刑事诉讼案件而任命的审判官或专员们的行为非常相似。

鸣不是一生都在他心灵深处回荡吗？这不是一种比时时刻刻听到这种哀鸣更可怕的折磨吗？惩治根本不该惩治的人不是比让奸诈狡猾的罪犯逃避应受的惩罚糟糕得多吗？

226 当法官准备对一个不幸者的人生作出判决的时候，这种以人性描绘的可怕画面永远会使他严厉的判决发生动摇。如果说社会安宁要求社会摆脱坏人，避免重大犯罪扰乱治安，那么可怕的经验告诉每个法官，绝不应该相信表面的现象：由于一些情节的离奇组合，常常会使无辜者败诉，而且不得不接受被指控的罪而被判的酷刑，这让每个公民在想到这样的事情时都会感到毛骨悚然。

用以监禁被推定为有罪的人的监狱，对被监禁者来说已经是严酷的惩罚，是预先判定的酷刑。无罪要求居住更方便，更合乎卫生，但在监狱里，无罪常常视同于犯罪。因此，一些不确定的证据和有时甚至没有充分理由的怀疑就让一个人失去自由，虽然没有以沉重的镣铐和条件极其恶劣的、可能带来严重疾病的居所加重其痛苦，难道不也是过分的事情吗？一个公民被不公正地逮捕，难道在他经
227 受了长期监禁和无助的生活，造成身体衰弱，健康受损以后，允许它走出那个恐怖的、让他受尽苦难的地方就是纠正错误了吗？在公正的政府下，社会乐意看到无罪者获胜，难道它不希望无罪而遭受损失和不幸得到赔偿吗？

我在此不谈论傲慢的暴君为了迫使受害者招供而想出来的酷刑，以此证明他们的残忍；许多具有人道主义的友人作家已经正义地站出来反对这种野蛮、无益而习以为常的行为。[①] 一些现代国家

① 见贝卡里亚（Marquis Becacria）的《犯罪与刑法》（*Des delits et des peines*）。在英国，很早就废除了酷刑，瑞典也在不久前废除了酷刑。

已经废除了这种无理的暴行，但是，我们仍然看到有些法庭受严厉陈规的驱使，每天都还在行使这样的暴行。所有的审判官都承认，拷问只是迫使过于软弱的无辜者假认罪，对于那些身体强壮的罪犯来说，并不能让他们招认任何东西。[①]可以肯定，即便是很有教养的人，仁慈和怜悯也是非常欠缺的或极少有的，因为仁慈和怜悯抗拒
不了传统习俗可鄙的影响力！从人道主义的眼光来看，法官要求君 228
主废除这种只能彰显残酷的罪恶习惯，不是非常荣耀的事情吗？

坏人不幸的时候，道德也总是对他表现出人道和怜悯，如果道德对于刑法的构成具有决定性影响的话，那么它就会使刑法消除似乎通常都具有的暴虐和残酷的精神。这样，刑法原则就不是推定所有被告都是有罪的，而是给予其援助，永远不对其表现出暴君式的和报复性的忿怒；审判官不会以找到罪犯为荣耀之事；暗中预审和秘密审讯不能使一个不知情的不幸认罪，他有当众自我辩护的自由，而且，他的生命不会取决于一个可以不了解情况或抱有偏见的报告人或一个往往有权决定判决的秘密委员会。[②]

刑法常常由粗暴的专制政体所制定，所以会随意地判处死刑， 229
这让正义和人道悲叹。一个公民心血来潮，一时糊涂扒窃了不大值钱的东西，难道就要处以死刑吗？一个人在运气不佳时犯了轻微错误，难道就无可救药了吗？需要像对待一个怙恶不悛的罪犯那样处

① 在说到拷问时，著名的格劳秀斯（Grotius）说，能够承受拷问的人会说假话，不能够承受拷问的人同样也会说假话（Mentietur qui ferre potuerit, mentietur qui ferre non potuerit）。

② 英国的刑法原则被认为是欧洲最公正的刑法原则，它就是建立在这样的原则基础上；人们指责法国的刑法原则除证人对质除外，模仿了宗教裁判的残酷原则。

死他吗？一个在醉酒时、发怒时和偶然斗殴中杀死自己同伙的人，应该和一个冷静地或蓄谋已久地杀害一个公民的人同样丧失生命吗？对小偷科处死刑会使小偷下决心要杀死被盗者，因为，如果他给被盗者留一条生路，就会导致他被科处死刑的结果，为了消除这个证人，他才变得残酷无情。人们说，俄国在废除死刑以后杀人犯变得少之又少了。

看到一些文明国家还在使用罕见的酷刑，人类在颤抖。这种如此精心设置的暴虐显然是暴政的杰作，而谄媚恭维者总不满足于报

230 复。在卡里古拉看来，残酷的法律准许这些可怕的酷刑，就像在命令殴打者**要让被打者感到生不如死**。基督教审判官和基督教国家把亵渎神明和让人绝望看作是最重的罪，难道他们能够对这种罪采用酷刑，让犯罪者没完没了地遭受痛苦吗？不过，墨守成规永远都不加思索，暴君的奉承者在向主子献殷勤时永远都没有怜悯之心。宗教裁判所罕见的酷刑不就证明其神职人员及其帮凶都是伪君子吗？因为他们把上帝当成唯利是图、抑制爱德的暴君。[1]

难道自然公正能够承认极不公正的习惯和法律吗？这些习惯和法律不仅惩罚罪犯或剥夺其生命，还将其所得财产向君主申报，以此来惩罚无辜的家属。如果说犯罪和犯错误应该是个人的事情，那么，要掩饰这些极端不公正的现象，则需要贪婪而专横的法律原则
231 全力诡辩；然而，数百年来，久而久之，人民对这些不公正现象已经习以为常。

---

① 尽人皆知，在断头台和绞架下几乎总会发生扒窃和偷盗，因为人们成群地前往观看执行死刑。巴黎人把受尽苦难的受刑者的遗留物当作圣物捡起，认为他所受的苦难已经抵了他所犯的罪，已经把他带入天堂。

因此，希望更正义和人道的立法能结束触目惊心的不公正现象，尤其是令人恐惧的残杀；愿它尽可能珍惜人的生命，废除意在挑战任何善良的灵魂的酷刑；停止对那些愚昧、野蛮的人使用残忍而无效的刑具，它们只能让坏人更加凶险和残暴；愿它不要让公民习惯于观看诛戮流血的场面，那样会使他们养成不人道的习性。

立法者的一切处罚都应该以改造罪犯和通过惩处不幸者来教育人民为目的。我们改变不了一个被杀死的人：他作为一个例子可以使心地善良的百姓变得更加温顺，但是，反复的经验足以证明，最可怖的处罚并不能使冥顽不化、恣意妄为、失去理智的坏人所折
服：重大罪行都是由这类人所犯，他们所犯罪行只会有一种结果， 232
那就是让所有保持冷静或看到事情结果的人对他们产生憎恶。而且，每个罪犯虽然眼见别的罪犯受到制裁，但都以为凭借自己的机智能够逃脱法律的制裁。

最应该受到惩罚的是给社会造成最大损失的罪行。死刑似乎只应该属于那些邪恶到故意杀害同胞的人。熟悉谋杀罪的人所讲的种种防御措施多么令人沮丧，他们徒然地对避免谋杀抱有幻想。因此，愿法律对这些无法挽救的患者处以死刑；但希望死刑不以无用而违背人道的酷刑来实行。如果人们认为，对罕见或重大的残忍犯罪的处罚场景应该给人民留下更难忘的记忆，以此来唤起人们的思绪，那么在执行死刑时，不可以采用让观看者感到震惊的新刑法，
使用一种既可以强烈触动人们的心灵，又对罪犯无更大痛苦的刑具 233
吗？在不给罪犯增加更大痛苦的情况下，法律根据不同罪行规定不同的酷刑也许是有益的，人们的心灵会由于视觉的不习惯而受到更

强烈的震动。[①]

免于死刑的罪犯应该以成为对社会有用的人来抵罪。一个罪犯被判处终身监禁，他对于国家来说不就是一个无用的人了吗？这不是比死还要痛苦的无期刑法吗？民族的安逸和幸福需要大量的劳动，法律不让成为公众奴隶的罪犯来承担这种劳动，人们有理由感到惊讶。罪行最严重的犯人可以送去做最艰苦和最危险的事情，因
234 为他们犯了罪。劳动预防犯罪，似乎也是对犯罪的自然惩罚；懒惰往往会使人走上犯罪。监狱里关押着成群的罪犯，不让他们做事，只能使他们变得越来越堕落；他们出狱的目的是为了犯更邪恶的罪行。

因此，要减少需要处罚的犯罪，明智的政府应该在每个省或地区建立社会工场和劳动就业服务局，让穷人总能有事可做，生活也因此而有着落。许多道路有待建设，河流有待通航，运河有待开凿。这些工程将长期为穷人提供就业机会，也会有助于处罚罪犯（注意让他们有别于其他劳动者）；也会为国家消除无数的乞丐和流浪者；也会大大减少国家本应为这些公益工程付出的开支。对此我不过多赘述，总而言之，游手好闲对于富人来说是恶习之根源；对于穷人来说是犯罪之根源。

235 然而，不公正的国君和富人往往制定出对富人太有利，对穷人

① 在英国，绞刑是对所有罪犯通用的刑法。盗贼被简单地绞死；杀人犯被用链子绞死；最残忍的杀人犯死后被交给外科医生解剖，这对于百姓来说是一件很可怕的事情。人们可以很容易地找到一些不很残忍的处死重大罪犯的方法，如弑君者、杀害父母者、投毒者可以公开用石块压死，或先绞死，然后再碎尸，等等。

太苛刻的法律。因此，在各国的刑法里，人们很少发现与罪行相符的合理处罚。富人为了往往是掠夺来的财产的安全，愿意毫不留情地处死仆人，只要他胆敢偷窃哪怕是微不足道的东西。[①]简而言之，每个国家法律的制定都更多地取决于权贵们的利益，很少取决于罪行的轻重程度。

由于量罪不公，同样对穷人很严酷的法律，对富人和权贵就能宽容或被废除，富人和权贵似乎永远都有权作恶，不受处罚。罪犯
高贵的出身和身份可使其逃脱酷刑，穷人则往往因为不很严重的犯 236
罪而被判酷刑。[②]在某些国家，一个出身名门望族的人可以杀害、抢劫、侮辱、虐待他的同胞而无需害怕法律的严惩，法律只是儆戒没有影响或无名的公民。

此外，犯罪似乎由于犯罪者的权势和地位而变得高尚。人们赞赏国王在征服名义下进行抢劫；赞赏他们在战争名义下进行杀戮。由于一系列同样的观念，人们最终对大人物的犯罪和邪恶行为丝毫不感到震惊了，以为他们的犯罪和邪恶行为可以完全凌驾于管制小人物的法律之上。总之，人们欣然接受了国家强盗（voleurs publics）以最邪恶的途径获得优越的地位；认为他们一旦获得暴君的准许，

① 就在不久的几年前，一个不幸的女佣因为偷了主人的两个盘子被判处绞刑。

② 在法国，人人都知道已故夏洛尔伯爵（Comte de Charolais）年轻时无所顾忌地射杀盖屋顶的工人，就为了看着他们从屋顶上滚落下来时他瞬间产生的快乐。从前，有一位丹麦国王让人逮捕了几个恶棍，在得知其中一人是他的近亲后，还是将他们都处以绞刑，只是让人为他的亲戚立了一个比别人更高的绞架。——我们都知道一个食品供应商给维拉尔（Villars）元帅的回信；后者曾威胁要绞死他，一个包税人回答他说："我们不能绞死一个有十万苏的人。"

就有权利进行抢劫，因为没有人与君主争夺掠夺奴隶和霸占他们全部财产的权利与权力。

237 依照这样的原则，高贵、权力和财富使得与把穷人送到刽子手手里同样的行为合法化了。据以判处一个偷了五个苏的小偷绞刑的法律，丝毫不能处罚一个有贵族身份的人，丝毫不能破坏一个大人物的名誉，而这个大人物为了满足自己的淫欲，侮辱一个纯洁善良的家庭，或为了满足自己的虚荣心，使其债权人破产，把商人逼成乞丐，在别人没有危险的情况下，成为杀害许多家庭的凶手；他仍然趾高气扬；他为自己伪装而自鸣得意；他嘲笑他们天真无知，头脑简单。

不以为然的犯罪要比隐秘和感到耻辱的犯罪危险得多。[①] 再没有比成群结队、对自己无耻行为满不在乎、自鸣得意的共犯和帮凶更坏的人了：这些家伙厚颜无耻，我们没有能力触及到他们冷酷无情的灵魂，很难使他们改邪归正，只能以严酷的法律严加惩处，这样，我们至少能够阻止他们无所顾忌地挑战社会道德。如果能使犯
238 罪分子感到犯罪是耻辱的事情，或者使他们只敢在私底下低声抱怨惩罚他们的力量，那就是莫大的成功。立法者应该气势磅礴地施展权力，让那些意欲抗衡的犯罪分子低下他们傲慢无礼的头。君主应该让每个使其债权人失去支付能力的朝臣都出售他们的财产。

如果宫廷普遍伤风败俗，以致到了君主不可能严加惩处的地步，那么，至少没有什么可以阻止君主惩罚那些声名赫赫的犯罪分

① 泰奥弗拉斯托斯（译者按：Théophraste，约公元前372–前287，希腊逍遥学派哲学家，亚里士多德的学生）说：“不以为然犯罪（péché gai）比哀伤犯罪（péché triste）更应该受到惩罚。”

子，他可以收回对他们的宠信和庇护，可以自行对他们疏远，可以拒绝他们可能希望得到的宽恕。这样，进善黜恶的国君就可以惩罚那些通常聚集宫廷的道德败坏的人；就可以轻而易举地把一直贪食人民财产的乞丐、厚颜无耻、淫逸放荡的盗贼、国民不得不养其恶行，供其摆阔，因其犯罪而遭殃的疯狂赌徒都清除出宫廷。

我们越是尊重事实就越有理由确信，宫廷的奢侈是造成国民不
断遭受不幸的根源。正是为了满足君王身边某些朝臣的懒惰、贪得 239
无厌的欲望和幼稚的虚荣心，公民才被迫不停地劳动，发出痛苦的呻吟。假如我们相信**吸血鬼**在墓穴深处吸食人血的事情，那么，宫廷里的人就是最真实的**吸血鬼**，他们除了毒害国民，摄取国民的劳动果实再别无他事。

然而，无论国民怎样为这些无益而有害的僵尸们挥汗劳动都是徒劳的，因为君主向臣民征收的全部赋税都无法满足御座周围一群贪婪者们的需求：永无止境的奢侈使他们陷入困境；由于虚荣心作祟，他们永不满足炫耀自己的等级和出身。于是他们向自己同胞开战，剥夺同胞的生活所需以满足自己一时的兴致；他们千方百计借款，提高商品税，让工匠无偿劳动，总而言之，这些如此高贵，如
此骄傲，如此名声显赫的人，无耻地扮演着骗子和无赖的角色；在 240
他们看来，只要能获得钱财，任何手段都可以使用，而且，他们会把获得的钱财马上疯狂而荒唐地挥霍殆尽。

因此，我们看到一些名门世家，一些最富有的大家庭，为了满足自己想出风头的需要而负债累累，因为他们的虚荣心让这种出风头成为责无旁贷的义务。每个朝臣都想效仿自己的主子；每位高官都觉得自己若在花销和奢华方面不能与别人匹敌就活得悲惨；每个

富人都想效仿宫廷的气派；乃至最贫穷的公民人人都为自己的贫穷汗颜，拼命地努力显示富有的外表。

这就是我们在财富和奢华背后所看到的债务日益加重的明显原因。在那些最富裕的国家，你会看到监狱里关着成群的破了产的公民，无情的债权人有时会使他们终身被监禁，也因此使他们不能
241 为家庭和社会做任何事情。[①] 如果我们对这么多被监禁者的不幸追根溯源的话，我们常常会发现，他们都是由于愚蠢的虚荣心作祟，一心想摆脱自己的社会地位，想通过惊人的计划一夜暴富；还有最常见的是由于曾想满足自己不光彩的恶习。正因为这样，社会上诈骗的借款人和无清偿能力的债务人不断增多，债权人经常上当受骗，高利贷者也总是得不到人们的同情。

信贷，无论是国家信贷还是个人信贷，都不是一件好的事情，因为政府和公民都在滥用信贷。如果轻率的君主没有不幸地在本国或外国轻松借到钱，有多少无益的毁灭性战争本来是可以避免的啊！明智的政府应该为自己制定一条永远禁止借款的法律。如果祖国确实处在危急之中，每个公民，尤其是富有的公民，都应该尽自己所能拯救祖国于危难之中。在古代最强盛的民族中，国家贷款是
242 从未有过的事情。它们都有专门的金库，用以在意外或急需的时候救助国家。在罗马共和国处于危急之时，罗马的妇女们曾把他们贵重的首饰跪奉给元老院议员，用以拯救国家。现代的民族没有任何

① 有人肯定地说，在英国，一年因债务而被监禁的公民有20000人之多，这就会使20000个家庭处于贫困之中。商人们的贪婪常常是使他们成为轻信者和上当者的原因；在没有做考查的情况下就轻信外人、陌生人、年轻人和妓女，难道他们不应该遭受损失吗？

预先的防范，根本没有国库的存在，即便是有，也会被国君的疯狂开销和朝臣们的贪婪迅速耗尽。为满足奢华所需的每日巨大的开销，国民被课以重税；在发生战争时，由于赋税不能再大幅度增加，国家就求助于借贷，尤其在预算庞大的情况下，借贷更加可观。这些借贷实际上就是赋税，到头来还需要由人民来承担，因为人民不得不每年为政府缴纳它所得到借贷款项的利息。因此，那些最富裕的国家都因永远清偿不了债务[①]而逐渐处于超负重状态：因为一些 243 
无足轻重的原因而经常发动无益的战争使它们无法自我解脱；宫廷的奢华非但没有降低，反而与日俱增；财力枯竭的外省不再能为永远处在困境当中难以满足的政府提供援助；习惯于挥霍的君主不愿意借助于不符合宫廷利益的节俭；无用的开支继续不断，有用和必须的开支被消减；有些大臣顺从专事逢迎者的错误主张，牺牲自己的神圣职责，拿国债来支付国君及其周围人昂贵的兴致所需：为了讨好他们，以不名誉的国家信用的破产[②]破坏政府的声誉，既损害国家信贷，也给公民带来不幸；最后，日积月累的债务使得最善良的君主也无法减轻其人民的疾苦。

这就是一些现代政府的运行方式，它们在最富有的国家却困难重重，岌岌不可终日，每时每刻都在为金钱而四处奔波。造成这种财政困难的帮凶就是那些掌管金钱和国家信贷的人，他们成为十分

① 有人说，英国目前国债高达14亿英镑，为了缴纳如此巨额债务的利息，英国公民承受着税收、禁止法欺压的重负，除了可以撰文和叫喊着反对内阁和贪财的议会外，再享受不到任何自由的好处；内阁和议会则不顾公民的反对，依然照常行事。

② 国家信用的破产（banqueroute）指国家无力履行债券条款。——译者

244 重要人物，以致人们有时把他们视为**国家栋梁**，放任他们的贪婪行为：他们巧立名目，敲诈勒索，致使农业、商业和工业到了崩溃的边缘；他们靠牺牲人民的利益把自己养得膘肥体壮，然后把荒废的田野、灰心的农夫、破产的商人和堕落的城市交给君主。

实际上，国家借贷使得富裕的都会和城市充满了大量不劳而获、游手好闲、把寻欢作乐作为唯一职业的食利者，这些人消耗着土地的产物，常常做伤风败俗、危害人民的事情。老城区到处都是品行不端的不良公民，他们不为社会做任何事情，整日暮气沉沉，享用着国家给予的生活费，在赌博、吃喝和奢侈的嗜好中度日。他们离开自己的省份，放弃自己本该做的事情和让他们体面地生活的祖业，来到大城市与城里人分享都市生活的淫乐与放荡；因为城市里到处都弥漫着堕落生活的气息，通常都相互感染，乡下没有这样的生活。①

245 理智的政府就像每个聪明人一样，做事绝不超越自己能力的界限。虚荣心对于民族和个人都是有害的。战争只有在国家的利益和安全真正受到威胁时才应该进行。一个民族企图通过打贸易战来增加国家财富是荒唐的举动。人是在面对发财和永远偿还不清债务的无望中开始自我毁灭的。每个想获得更多财富的富裕民族都在努力加大自身毁灭的理由。

我在前面已经指出，明智的政府应该避免刺激国民对金钱的欲望，因为金钱最终会广泛和强大到让人无法控制和满足；它会使几

① 终身年金由于高利息而吸引很多人，它对独身的要求，与公共利益完全对立了，它使人变得孤独，它坑骗旁系亲属，破坏亲情关系，助长单身汉恶习，因为他丝毫不考虑他的家庭或他的祖国在他之后会变成什么样。

乎所有的公民都成为贪婪的人，因为几乎每个人都不满意自己的境
遇。因此，立法者绝不应为借钱提供方便，而应使国民放弃借钱的 246
行为，学会节俭地生活，克制自己的欲望，不做超越自己能力的事情。这样，我们就会看到很少有贪婪的债主上当受骗，因为有许多轻率冒失或不诚实的人在把自己的事业搞砸以后，无耻地欺骗别人对他们的信任。

有人会说，做生意不可能没有贷款；由此我们不难看出说这话的人的品格。但我要提醒人们，就是在商业投机当中，那种从事不可靠的事业、为了自己快速发财而使他人的利益受到损害的人，那种借款超过自己毕生偿还能力的人，都是贪婪之徒，他们很少遵守道德原则，应该因为其罪恶的胆大妄为而受到处罚。一个失去理智的人可以拿属于自己的东西去冒险；但是，拿别人的财产去冒险就是极其错误的事情。如果有些商人觉得这样的行为准则过于严格，那我们就只能认为他们做生意的行为方式不符合良好的道德，而良
好道德的法则是永远都不应该被遗忘的。但是，人们在占有欲、趋 247
利、贪财和发财欲方面的道德很难与刚正的正义所要求的严格的道德规范相一致；有些经商民族的立法者往往都遵循非常宽松的道德标准。[①]

对于一个国家来说，良好的风气胜过庞大的商业和不公平的财富。因此，法律应该严惩那些不考虑后果、背信弃义，拿别人财产去冒险的商人。轻率行为一旦侵犯了每个人都对他人所应有的正

① 为了促进产业的发展，且在不借助高利贷的情况下让其生存，就像在许多国家那样，建立人们通过抵押可以低利息借到钱的典当行（Lombards）和当铺（Monts de piété）是很有用的。

义，就成为一种应该受到处罚的罪行。

君主尤其应该制止高官显宦普遍的非正义行为。他们不做任何生意，借钱只是为了奢华，为了一些无用的、每个理性的人在自己力所不及时都会轻易放弃的事情：因此，对于他们来说，不应该有信贷的存在。在这方面，君主要避免让他们有幼稚的幻想，因为人
248 们常常看到，他们为了自己幼稚的幻想而牺牲了有用的和重要的东西。高官显宦为了满足一时的毫无意义的兴趣，甚至是一些耻辱的恶习，把大笔财产抵押出去，自己破了产，留下的子孙后代成了国家的负担；而且为了维持家门的荣耀，后辈常常不得不纠正先辈所做的蠢事。

因此，政府应该防止大家族破产；但从另一方面来说，政府应该给予每个人以公正。为了避免欺诈性借贷和由此引起诉讼案件，立法者应该向国民开设公开的财产登记簿，让每个公民都把自己合法的财产登记在案，以此来避免借款人的欺诈行为，也给予债权人以完全安全的保障。

从某种观点来看，人们总会认为，最好是政府坚持维系整个社会的诚信，迫使每个公民都做正直的人，对非正义行为和犯罪防范于未然。

第十三章　关于社会恶习与堕落的道德立法 249

君主由于意识不到防止和惩治犯罪的重要性，常常疏于对犯罪的遏制，甚至常常表现出对社会普遍存在的恶习的宽容。任何恶习都是或多或少扰乱社会的非正义行为。因此，凡为道德所谴责的堕落都应该不同程度地受到儆戒的法律的诉究。犯罪直接危害社会；恶习间接危害社会，它慢慢侵蚀社会，常常与犯罪一样对社会造成损害。

前面所述已使我们对这种悲哀现象确信无疑。像虚荣心这种小
人之恶习，不就在国民中产生了极可怕的影响吗？难道不是虚荣心
使国家所有等级的利益都分离出来吗？难道不是这种灾难性的分离
造成唯一作为一切邪恶与犯罪毒源的暴虐势力的产生吗？一个朝臣 250
为了满足自己对一些毫无价值的东西的幼稚欲望，卑劣地做不公正
的事情，难道不是讲究排场的虚荣心在作祟吗？总之，我们看到，
在每个时期，正是这种实属幼稚的虚荣心使得崇尚奢华这种传染病
蔓延开来，导致风俗败坏，道德沦丧，帝国被推翻。

其它所有恶习和习惯性爱好都一样，它们都不同程度地使人与自己的同类难以相处。发怒使失去理智的人变成老虎，随时准备向路上遇到的人猛扑过去；复仇心让人成为睡着的毒蛇，其毒液能置人于死地；撒谎败坏语言的使用，破坏人际交往的诚信；诽谤给人造成的伤害常常与谋杀和暗杀一样可怕；忘恩负义是可恶的恶习，背弃人们的仁慈和怜悯心，应该受到公开谴责，让那些忘恩负义的人惶恐不安；他们是社会公敌，每个公民都应该有权利控告他
251 们，法律应该让他们蒙受耻辱；不近人情的吝啬鬼，拒绝帮助自己同胞，面对遭受苦难的人视而不见，他生来就不是一个过社会生活的人。最后，国民中普遍存在的饮食无度往往是造成浪费的主要原因，认真负责的政府应该竭力加以制止。

总之，在一个治理得好的社会里，所有恶习都应该根据其所造成的社会危害程度受到相应的惩处。政府若要适当放松警惕，除非有由廉洁正直的法官组成的法庭，在这个法庭上，每个公民都可以公开状告（而不是私下起诉）以行为或言语伤害他的人。这样，公正的惩处就可以根据事情的严重性，或通过斥责，或通过惩戒，或通过免职等方式使被伤害方得到洗雪；另外，一切恶意中伤的诬告者也都会公道地受到法律的严惩。

在罗马人那里，惩处在很长一个时期是防止奢侈和伤风败俗
252 最有力的措施。从罗马优秀立法者那里借鉴那么多立法准则的现代人，怎么没有接受他们法规中最智慧的东西呢？难道还有比害怕遭受谴责或公正法庭的惩戒更强的约束吗？公正的法庭让君主知道，哪些臣民的行为表明他们值得信赖，哪些臣民不大适合在他麾下行使他的部分权力。①

① 雅典人有一种被称作 Nomophylaces 的维护法律的监察官，法官在汇报他们的业务执行管理时，必须向他们面陈违反纪律行为的原委。根据梭伦法，每一个受到荒淫放荡调查的法官都要被耻辱地免职。

实际上，即便是最道德和最亲民的国君，他们也不可能顾及社会大家庭里的每个公民：他们看到的只能是那些接近他们的人，而这些人永远都在欺骗他们。民众的声音是最可信的，既不会被收买，也不会被笼络：一个人的品行要比其言说更能让人认识他。总之，坏人和没有德行的人总是竭力让自己消失在人群当中或惧怕被检查，而无辜和品行端正的人则丝毫不会羞于被人认识出来。一位前辈曾说“真理只羞于被掩盖”，并不会畏惧批判。总之，对于国君 253
而言，最重要的是确保他所使用的人是正直廉洁的人：对于臣民而言，最重要的是领导他们的人是纯洁而无可指责的人。

无论如何，缺乏经验和理智的人往往只是长期受种种恶习、欲望和嗜好所引诱的孩子，对于这些孩子，父母应该通过耐心细致的管教来给予纠正。一切都证明，活力对于社会生活来说是十分重要的；暮气和懒惰迟早会造成致命的社会堕落。每个无所事事的人都是危险的人。游手好闲是妓女堕落的真正原因，因为这种具有无法抵御的诱惑力的职业、这种由于闲散而不停地对社会扰乱和让人担忧的种种活动是个不需要指定就可以从事的，这类活动常常是好人和坏人的分水岭，以致小普林尼曾说：“好人远没有坏人那么旺盛的精力和体力。”[①] 真正的活动是能够使我们成为对自己同类有用的人的活动：这才是社会应该要求其成员所从事的活动。

因此，对于任何好的政府来说，最大的管理责任应该是让每个 254
人都有事可做，让他们感到自己并不是生来就该享受社会创造的福利，既不用劳动，也不用做善事；让他们感到应该向国家说明如何

① 见小普林尼：《信札》(*Epistola*)，第四卷，第七章。

使用自己的时间。埃及法律是考虑最周全的，它要求每个公民每年都必须亲自向法官说明自己一年所做的事情。德拉古[①]法把无所事事的人判处死刑；梭伦法把这类人标记为无耻的人。

较温和的埃及法律可能主要产生于富裕的人口密集的城市。由于城市为人们提供寻欢作乐的场所，为种种恶习提供大量施展才能的机会和诡秘行事的条件，所以普遍成为一个国家游手好闲者经常会聚的地方，成为坏人聚集的巢穴，他们从四面八方涌来，在茫茫人海中施展害人的才能。因此，对于天真无知的人来说，大都市里的空气有着难以抵御的诱惑力，他永远面对的是要么自我堕落，要
255 么掉进邪恶随时为他布下的陷阱。无度的挥霍、沉迷于享乐和吃喝玩乐让人们变得浮躁，即便对最常接触的人也不去深入了解，只要求给自己带来一时的快乐，然而，一个取悦于人的人往往是不值得信赖的。

烦恼或贫穷总是伴随着游手好闲，而游手好闲就会招致欺骗和被欺骗。尤其在赌博中，我们发现这几乎成为各个地方无数无所事事者指望发财所通用的手段；这些人形成他们自己的社会，他们缺少思维能力或与人愉快交流的能力。不过，他们若不是把大部分生命用来消磨时间，这种消遣也许是可以原谅的，只是人们不要把它看作一种应该给予鼓励的、适合正派人的职业，不要把它养成一种无意识的习惯，总之，不要因为贪婪而常常迷恋于它，最终造成可怕的灾难。

---

① 德拉古（Dracon，约公元前7世纪），雅典立法者，他所制定法典以特别严酷著称，规定在雅典犯罪无论轻重一律判处死刑。——译者

最近，一位正直而雄辩的道德学家在其充满激情的著作里向人们描述了压红黑赌博的不幸后果；他描绘了人们在面对具有无比魅力和诱惑力的红黑颜色时，表现出的可怕到无以复加的面部表情背 256
后的那种疯狂欲望。[①] 有人曾说：“赌博是一切规矩的颠倒：王子忘记了尊严，女人忘记了廉耻；豪赌囊括了一切社会弊病，有时候，人们约定好相互蚀财，相互为敌”；[②] 我要补充说，赌博会毁掉人的魅力和健康，因为嗜赌成性的女人要经常熬夜；此外，即便是最妖艳迷人的女人，当她面部表情受到贪婪的欣喜或失望突然产生的高涨情绪折磨时，也常常只会给人以一副悍妇的形象。难道赌桌就成为那些被遗忘的孩子们应该去寻找自己母亲的地方吗？难道只有在这个具有无法抵御的诱惑力的赌台周围，他们才会找到负责家庭幸 257
福的父亲吗？总而言之，难道只有在真正危险的场所我们才自信能碰到一个正派的人，一个理智的公民吗？

然而，无论多么有说服力的道理，多么感人的劝诫，对于那些由于贪婪而顽固不化的人来说，或者说，对于那些心灵麻木的人来说，都是毫无意义的。他们只能被一些瞬时的和多变的感受所触动，而这种感受常常来自在希望和恐惧之间摇摆不定的对金钱的强

① 见巴黎铭文与纯文学皇家学院杜·索尔克斯（Saulx）:《论赌博的狂热书简》。

② 见《一位母亲就何为真正的荣誉写给儿子的信》。有句格言（无疑是由赌徒们编的）说：“赌博和爱情一样，使人与人变得平等：由于这样一个原则，人们有时看到王子，甚至国王与骗子混在一起。”修道院院长圣皮埃尔发现，法国宫廷只是在1648年才开始玩纸牌，他说：“是大玩家卡迪纳尔·马扎林引进这种浪费时间和金钱的方法的。”见《一个善良人的梦》（*Rêves d'un homme de bien*），第28页。

烈欲望。事实上，大赌并不是一种消遣，而是一种暴力的演练（violent exercice）。赌徒们若在赌博中没有希望赢到大笔的钱，那他们就从中得不到任何快乐：要想唤醒他们已经麻木的灵魂，必须巨额的金钱。他们需要毁掉自己的朋友，以此来获得一个安稳而甜美的睡眠。

因此，立法有责任让道德惩戒更行之有效。在家庭申诉中，法律为什么不像对待精神病患者或精神失常的人那样严厉地惩处一个赌徒，使其名誉扫地呢？男人作为一家之长，毁掉自己的妻子和孩子，法律不应该剥夺他的权利吗？对于众多的职业赌徒，为什么不
258 给他们贴上坏名声的标签，判罚他们去做有益的劳动呢？否则，这种职业赌徒是不会消失的，他们会给行为轻率的年轻人布下陷阱。臭名昭著的赌场让所谓的朋友聚在一起相互厮杀，抢夺钱财，公正的政府不应该让这些赌场感受到它的愤怒吗？

某些高官显宦无视正义所必须遵守的法律，把他们的官邸作为赌徒的庇护所，为狂赌的贵族提供自由地相互厮杀的机会，对于他们这种恶劣行径，我们能说什么呢？奇怪的是竟然有这样的警察，他们为了一笔不光彩的酬金，公开允许必定会是城市游民、狂人和无赖们聚会地的**赌场**经营其活动！[①] 总之，我们什么时候才会把赌
259 债称作**信用债**呢？到那时，法律如果不愿意消灭赢家和输家，则应

① 在威尼斯共和国，长期允许对它有利的碰运气的赌博存在，这种赌博就在市长眼皮底下在圣马可宫里进行；这个不光彩的习惯直到最近才最终被取消。人们不会忘记，在巴黎的苏瓦松酒店和热弗尔酒店，年轻人可以自由自在地挥霍。可以肯定地说，在这个法兰西之都，至今仍然有相当数量的**赌场**是在警方的许可下经营的，警方与那些获得经营许可者分享赌场的盈利。我们完全有理由认为，这些恶习是在路易十六合乎道德的统治下才被消除的。

该谴责或惩罚他们，君主至少应该亲自驱逐任何一个敢于违反为全体公民制定的法律的人。

可是，对于有权势的人而言，违反法律和最神圣的道德观念似乎到处都是一种固有的权利。法律和道德只有在具有美德的君主也把它们当作约束自己的准则的时候，并使它们对全体臣民不分血统和出身一律都享有权威的时候，才能施展它们的威力。

君主认真查询过这些以**彩票**而闻名的公共赌博场所里公民道德的利益吗？政府似乎在通过彩票形式对国民的贪婪布下永久的陷阱。难道刺激人的贪财欲望能使人变好吗？通过彩票维持国家与个人间的赌博是极不平等的，这符合公平原则吗？但愿君主能以自己的智慧与正直能解决这些困难；这些困难一日得不到解决，彩票

就一直是一种重税；纳税者是一些自愿受骗的人，他们普遍缺吃少 260
穿，但被难得实现的希望所诱惑。经验告诉我们，展现给国民的诱惑力尤其对头脑简单的人产生影响，但也勾起普通百姓的欲望，比如佣人和那些最贫困潦倒的人，他们对自己的不幸感到遗憾，有时为了补偿自己而走上犯罪的道路，从而招致极其严厉的惩罚。

政府永远不应该允许自己有虚假的表象。要想培养诚实善良的公民，政府的行为永远都应该诚实、全心全意、杜绝一切不公正和舞弊行为。如果一个国家因长期犯错误而负债累累，不得不允许为公平正义所谴责和不容的恶习继续存在的话，那这个国家是很值得怜悯的。

社会风气的树立是每个开明政府都应该的关注的问题，它不应该有任何懈怠，以保持社会风气的纯洁，提防足以败坏社会风气的堕落。因此，每个正直明智的立法者都绝不能允许盛行于某些堕落

民族的狂热行为，绝不能听信他们那里所相信的危险的格言；要全
261 力以赴与违背贞节的荒淫与恶习做斗争，因为它们是人性固有的东西，所以，斗争会遇到顽固的抵抗；但是，永远以理性为导向的法律应该像理性那样给予公民以援助，帮助他们战胜容易误入歧途的野性，养成有节制的性格，使他们的行为服从社会生活的利益。

违反道德的过失行为普遍都被神秘的面纱所掩盖，对此，政府不要使用粗暴的方法，不要力求揭穿它们，甚至不要努力去找出那些它认为隐藏着的犯错误者：但是，它必须惩处那种蛮横地出现在公开场合的无耻恶习，因为它当时的榜样作用是极其有害的。认真负责的警察永远都不会容忍芙莱尼（Phrynés）[①]们无耻的放肆行为，她们抛头露面，公开炫耀自己靠美色的不正当交易积聚起来的不光彩的财富。妓女如此招摇，难道不是要所有的贫穷女孩都效仿她们，去从事报酬丰厚的堕落职业吗？总而言之，这些迷人的妖艳女子不会让轻率冒失、最需要克制自己欲望的青少年心绪不宁吗？

262 另一方面，对于众多正派女子而言，她们负心的丈夫把本该存在于夫妻间的赞美与敬意给予了卑贱的妓女，为了她们的利益，法律应该无所作为吗？一家之长抛弃家庭，使家庭败落，让堕落的女人变富，立法者不该对家庭的利益作出明确规定吗？作为一家之长，醉心于疯狂的爱情，他们不应该被列入失去理智者的行列吗？

---

① 芙莱尼（Phriné，公元前4世纪）希腊名妓。她以美色与才智致富，捐款重建第比斯城墙，在城墙上铭刻“此墙为亚历山大毁，由名媛芙莱尼重建”；她是雕塑家普拉克西特利斯（Praxitèl）的情妇，普拉克西特利斯曾以她为模特儿创作《尼多斯的阿芙洛狄特》；在她被控亵渎神明时，演说家希佩里德（Hypéride）为她辩护，据说，她撕破自己的衣服，露出胸部，使陪审团受到感动，因而宣告她无罪。——译者

这些卑劣的人（他们自己承认）公然以自己能够获得耻辱的胜利而自鸣得意，为什么不让他们丧失名誉呢？对于那些喜欢无故诋毁正派女人的恶意中伤者，法律不应该更严厉地处罚他们吗？但对于那些腐蚀年轻人者，要特别强化立法者的权威，至少迫使他们想方设法改正错误，悔过自新，他们本来能够为整个家庭带来荣誉的。[①]

可是，在许多国家，法律竟然忽略了对这些罪行的处罚！有些 263
人由于司空见惯，竟把这么严重的罪行当作小事一桩！贤明的君主绝不会像愚氓那样来看待这些罪行，愚昧地笑对如此恶劣的放荡行为；他会在通奸中看到最神圣的家庭关系的解体；在他眼里，诱惑异性的人是给公民造成伤害和带来耻辱的魔鬼，艳福不浅的男人往往只是可耻的诽谤者；他会认为，贪图享乐的酒色之徒和见异思迁的花花公子都是愚蠢的，都应该受到鄙视，由于他们的秉性，他们应该被排除在重要的事务和职位之外，因为重要的事务和职位永远需要理智、智慧、诚实正直和严肃认真的美德，以及一丝不苟、专心致志、坚持不懈的精神。而在那些满脑子都是窃玉偷花、讨好女人、穿着打扮和无聊的东西的男人身上是找不到这种品德的，因为他们要取悦卖弄风情或放荡风骚的女人，就必须关心这些事情。卖
弄风情或放荡风骚的女人只能给全体国民带来虚荣心、轻浮、时髦 264
和幼稚无聊的情趣，以及最终完全败坏社会风气的无节制的追求奢华和享乐的欲望。这类女人就是一些孩子，尤其在家长面前，他们

① 亚里士多德认为，立法者应该将那些言语猥亵的人驱逐出社会，因为，他说，“人如果言语放肆，那他离做可耻事情的放肆行为就不远了。”见亚里士多德《政治学》，第 7 卷，第 17 章。根据罗慕路斯法（Les loix de Romulus），任何一个当着女人的面说猥亵的话的男人，都要同杀人犯一样被惩处。

乐于破坏一切。[1]在女人面前俯首帖耳、任凭女人摆布的男人生来就不是治理国家的人。

高官显宦、富人和宫廷与城市居民长期游手好闲，显然成为我
265 们看到遍布世界的奸情、婚外恋情和放荡的主要原因。[2]如果人们忙于有益的事务，没有烦闷与苦恼，就不会有摆脱个人圈子、自我逃避、经常与别人交往的需求；无聊的拜访就会减少；作为一家之长的父亲就会想着做自己的事情；女人就会专心料理家务，忠于大自然赋予她们的职守，不会经常外出交际，在社交场合，似乎一切都在潜移默化地毁掉她们的美德，搅乱她们宁静的心态。多少短暂的恋情，瞬间的情欢，明显都是频繁交往的两性之间建立起亲近关系的结果。暮翠朝红是男女之间缺乏尊敬和道德基础的自然现象；而且，乍见而欢，久而生厌也是很容易出现的现象。在每时每刻都出现新鲜对象的社会里，人们会或者说愿意改变自己的情趣。

过于频繁的社交是烦恼和忧伤的根源，人们只要交际有节制和分寸，就能避免由此而带来的烦恼和忧伤。人类不应该相互隔绝，

---

① 乌尔里斯·胡伯（Ulric Huber）在其《论国家的法律》（*De Jure civitatis*）中指出，没有那个民族像法兰西民族那样在妇女统治方面经历了更多的痛苦，虽然它刻意排斥妇女享有王位。见培尔（Bayle）的《共和国消息》之《书信集》第二卷，第703页。这一事实通过从古至今的事例得到肯定。我们发现，法国对于任何女性饰品都非常喜欢，这似乎是由于这种“女权主义”（译者按：原文Gynécratie疑为荷兰语“ginécocratie”）或“女性帝国”（empire féminin）：这种喜好是极其有害的，如果政府不加以干预，它将会逐步感染整个欧洲，建立起一个世界性的王国（Monarchie universelle），不是政权王国，而是奢侈和时髦的王国。

② 奥维德：改掉你的懒散，丘比特之箭就会断裂（拉丁语原文：Otia si tollas, periere Cupidinis arcus. Ovide）。

但也不应该朝夕相处，阿里安[①]说："置身于人群，就是投身于战斗。"
大自然让女人成为柔弱而敏感的人，在社交圈里，她们需要不停地
同那些厚颜侵犯她们的人进行斗争：由于虚荣心作祟，人们常常愿
意相互效仿，相互攀比，相互超越，于是造成奢侈、虚荣、炫耀和吃 266
喝享乐。不用多久，人们就对所有这些行为习以为常，麻木不仁；于
是相互厌倦，相互仇视，既不能互爱和互敬，也不能相互容忍。这就
是社交生活，通常只是接连不断的烦恼与恶行，很少有真正的快乐。

然而，游手好闲、恶习成瘾的人总在努力摆脱颓丧状态，但忧
伤和烦恼每时每刻都在困扰他们，使他们重蹈覆辙而不可自拔。国
君为了逃避自然养成的怠惰带给他们的烦恼，或为了暂缓围绕在身
边的朝臣们的烦恼，必须牺牲人民的利益，吃喝玩乐，纵情享受。
盛大的舞会、演出和所谓的庆祝活动，花费的都是勤劳的贫民们的
血汗钱。"难道你以为来到这个世界就是为了享乐吗？"这是一个叫
马可·奥勒留[②]的人向一群终日无所事事、生活堕落、要求一直享乐
的士兵讲话时说的话。好的国王应该向终日游手好闲的朝臣们说： 267
"去开展你们的工作，振兴你们的事业；去做有益于臣民的事情，这
样，你们永远不会再有烦恼。"[③]

① 阿里安（Arrien，拉丁文为 Flavius Arrianus，约 95–175），希腊历史学家和哲学家。著有《亚历山大远征记》（*voyage en Inde et une anabase sur l'expedition d'Alexandre*）。——译者

② 马可·奥勒留（Marc-Aurele 拉丁文为：Marcus Aurelius，121–80），罗马皇帝；所著《沉思录》（*Pensées*）表达了他关于斯多葛（stoïcisme）哲学的思想。——译者

③ 一直以来，报纸和社会新闻让世人知道国君们在其宫廷举办费用浩大的盛宴、舞会和庆典活动。如果人们经常报道国君们的善举，而不是对于贫苦人民具有侮辱性的巨额开支，对于这些国君们来说，那不是更体面的事吗？对于人类来说，那不是更值得欣慰的事吗？

在一些富裕而道德败坏的国家，政府危险地自认为必须让悠闲的国民开心快乐，因为享乐已经成为国民唯一重要的事情。首都的人忠实地效法宫廷，如果没有享受同样的利益，就愀然不悦，自感不幸。经常多种多样的演出成了那些从来不懂得怎样利用自己休闲时间的富裕公民不可缺少的需求。下层阶级也很快感受到同样的需求：一个工匠也想观看演出；他为饱眼福，不顾自己肩负为家庭提供面包的责任，走出自己的作坊和店铺，像富人一样沉迷享乐；他开始厌恶劳动，效法富人观看演出，而这样的演出普遍都在心灵深处助长恶习的滋生。最常向民众演出的节目根本不具有教育的意
268 义，因此我们不要被迷惑，它们只能在人们的心灵里培养种种欲念（passions）；然而，为了社会的利益，人们本该无视这些欲念，或者说本该用心去扑灭这些欲念。在以神话英雄人物、罗马或雅典某个大人物或某位热恋中的公主的不幸遭遇、狂热爱情和疯狂行为为题材的感人演出中，巴黎或伦敦居民能够得到怎样真正的教育呢？在大多数喜剧中，年轻人能学习到什么呢？不就是为了把情人弄到手而欺骗父亲、监护人、老人和情敌的一些狡猾计谋吗？真正以道德教育为目的的戏剧寥寥无几：文笔夸张，情感惊人的悲剧只是让公民关心那些脱离现实的荒诞现象，只是一时让他们感动，却很少能
269 培养他们在社会交际中所需要的同情心：[①]喜剧只能让女人学会取悦

① 这个批评不能针对伏尔泰先生的大部分悲剧，因为我们觉得他的大部分悲剧是以道德教育为目的的，尤其是《穆罕默德》（*Mahomet*）、《阿尔济勒》（*Alzire*）等；也不能针对像《一家之长》（*Père de famille*）和《梅拉妮》（*Mélanie*）等这些戏剧。关于这一点，请参见一部名为《剧作，或戏剧艺术新论》（*Théatre, ou nouvel Essai sur l'Art dramatique*）的现代著作（第8卷，阿姆斯特丹，1773）中所表现出的丰富的健康思想。

于人的本事和征服男人的手段，以及为了得到她们喜欢的情人，用来欺骗父母或丈夫的计谋。只要有点正确的伦理道德思想的现代人，就不会把戏剧看作培养年轻人良好品行的学校，或者说看作一种鼓励公民履行自己职责的方法。难道朝臣和包税人在为希波吕托斯[①]、安德洛玛克[②]和伊菲革涅亚[③]的不幸遭遇掉过眼泪后，就会同情自己苦难同胞的不幸吗？难道一个女人看完《太太学堂》[④]就会深信自己对丈夫应尽的义务吗？一个好政府应做的是让戏剧更合乎社会道德，更具有教育意义：尤其要永远不让邪恶的东西通过感人的表现手法进入戏剧，要禁止以讥讽嘲弄的手法来表现美德。

我们别期待这种腐朽的戏剧结出有益于道德的果实，那是徒

① 希波吕托斯（Hippolyte），希腊宗教中的一位神。在欧里庇得斯的悲剧《希波吕托斯》里，他是雅典国王忒修斯和希波吕忒的儿子，忒修斯的第二个妻子菲德拉爱上了他，当菲德拉向他吐露爱情时，他极为反感，结果菲德拉自杀，留下遗言说他侮辱了她。忒修斯不相信儿子为自己的无辜提出的抗辩，于是将他放逐，并把海神波塞冬送给他的三个咒语中的一个降到希波吕托斯身上。波塞冬派去的海怪吓惊了希波吕托斯的马，马失控，踩坏战车，希波吕托斯被马拖死。——译者

② 安德洛玛克（Andromaque），希腊神话人物。在拉辛的悲剧《安德洛玛克》里，她是特洛伊国王普里阿摩斯之子赫克托耳的妻子，她在特洛伊战争中被俘，沦为厄庇国王皮洛斯的女奴，为挽救儿子的生命，她答应嫁给皮洛斯，但准备婚礼结束后自杀，以免受辱。这时，希腊派来使者要求皮洛斯处死安德洛玛克的儿子，遭到拒绝。皮洛斯的未婚妻爱弥奥娜因嫉妒而唆使俄瑞斯忒斯杀死了皮洛斯，然后自己在皮洛斯的尸体旁自杀。——译者

③ 伊菲革涅亚（Iphigenie），希腊神话人物。在希腊神话中，迈锡尼国王阿伽门农与妻子克吕泰涅斯特拉的长女。阿伽门农为使他率领的船队摆脱无风或逆风状态以便启程围攻特洛伊，只得把伊菲革涅亚作为牺牲奉献给阿耳忒尔斯女神，因为阿耳特尔斯用无风或逆风状态使船队无法离开奥利斯港。——译者

④ 《太太学堂》（*Ecole des femmes*），十七世纪法国著名喜剧作家莫里哀于1662年创作的喜剧，被誉为法国古典主义喜剧的开山之作。——译者

270 劳的，因为在这种戏剧里，妖艳女人的悦耳歌声结合艺伎们的舞蹈同时刺激人的所有感官，似乎旨在公开劝诱公民奢侈逸乐，唆使他们沉溺于性爱，怂恿他们过淫乱放荡的生活。戏剧所传播的行为准则，甚至在那种梦幻般的场所所呼吸的空气，都在年轻人的心灵里点燃危险的欲火，都在为这种欲火添加燃料，使之一直燃烧到他们暮年。在歌剧院的魔幻舞台上，让性感的女祭司来激发一群失去理智的人的欲望，于是，这群人很快就会为她们牺牲自己的钱财和健康。我们看到，对于给一群轻狂浅薄的人带来极大快乐的具有教育意义的戏剧，政府却给予明显的保护。①

271 人们抱怨宗教的严厉，因为宗教谴责戏剧并禁止信徒观看演出；宗教在这方面的戒律非常符合自然道德，它劝诫每个有理智的人都要规避危险，不要在自己心里激发起可能带来灾难性后果的激情。这种激情对于清纯的心灵来说是尤其可怕的，因为对于他们来说，伴随恶习而存在的诱惑是巨大的，以致他们无力加以抵御。那些疏忽大意、不思而行的父母，让孩子从幼年起就养成乐于接近酒杯的习惯，这也许会毒害他们一生，难道这样的家长不该自责吗？

抛头露面的职业习惯上或通常都被认为是不光彩的职业，对于这种认识，我们不要或更不要随意加以指责。给国民以国教和普世

---

① 一份收入《H 文集》（*Recuil* H，第 224 页）的陈情书这样表述巴黎的歌剧院的：我们知道，歌剧院的“演出是丝毫不顾及未成年人的：女演员彻底得到解放，完全摆脱了父权的束缚，她们成为表现自己妩媚风韵的主人，也成为在这种快活的战斗中所获收益的支配者；她们甚至可以免受警察密探的搜查。”从这里我们可以看出，歌剧院这种地方，被正确地看作是淫荡的场所。如果说在某些不幸的时局下，政府并未干预类似的放荡生活，难道正派的家长们不该希望消除这种卖淫的庇护所吗？或者至少不该希望这种庇护所不被公开受到保护吗？

道德都禁止的快乐也许不够严谨，但是，它至少有利于国民在思想认识上区分那些卑劣到追随社会上一切任性行为的唯利是图的人，他们的所作所为往往不能让国民把他们视为正派的人。要使戏剧成 272
为值得赞赏的娱乐，使演员重新受到尊重并成为有用的公民，最好的办法是让演出具有真正的教育意义，让戏剧有助于净化和纠正人们的习俗。

总而言之，明智的政府永远不应该成为恶习的认同者和支持者：如果它不能消除一些由于习俗而形成的娱乐活动，那至少应该净化这些活动，尤其要全力以赴开启民智，让公民忙于有益的事情，唤醒他们的理性，让他们逐渐厌弃儿时那些空幻的玩物。政府应该通过好的法律有效地教育人民；通过处罚来抑制恶习；通过奖赏来激励人们正直善良。

消遣和娱乐应该消除人们的精神疲劳而不腐蚀人们的心灵：它们永远不应该给观众心里带来任何违背廉耻、礼仪和良俗的东西。如果立法者意欲让戏剧服务于公民教育，服务于纠正恶习，消除民族的偏见和缺点，那他们就会从戏剧中获得最大的益处：戏剧可以 273
使全民族受到有益的教育，能够留下强烈而深刻的印象。[①]

① 贺拉斯（Horace）在其《诗艺》（*Art Poëtique*）中让人看到，从根源上来说，戏剧最早在罗马人那里是宗教行为。我们先知们最早的戏剧以《神秘剧》（*Mystères*）著称，也旨在唤起观众的宗教思想；我们现在的戏剧应该旨在引导我们树立美好的品德，或使我们受到感动，或给我们带来欢乐。

第十四章　论政府在风俗改革和倡导美德方面所能采用的方法

一位东方的智者说："要想让美德生长，必须播种奖赏。"这句话说得很有道理。立法者虽然可以通过惩罚让人心生畏惧，迫使恶习隐匿藏身，不敢嚣张；但他只能以仁获得信任，以恩征服人心。
274 国君的仁慈应以公正为基础；他的恩泽只有在奖励美德时才是正确的，只能惠及有益于社会的意向和行为。

美德的缺失主要是由于国君缺少公正，他们没有以其奖励和恩泽来诚心感谢人们为祖国带来实际利益。正如人们所说，他们只在自己的宫廷里，在围绕在自己身边的一小部分人中间认识自己的国民；由于他们通常都被这些贪婪的坏人所欺骗，所以他们的酬谢往往成为对自己同胞的伤害。因此，真才实学和美德没有得到鼓励；君主的恩赐被那些不称职的朝臣、作恶多端的宠臣、最无用和最有害的公民所消耗。目睹恶习和欺诈全都获得宽恕，好公民认为法庭并不是为他们而设立；在他们的想象当中，只有恶习和犯罪才有权享有好的运气，但谁能成为幸运儿，永远都是不可明见的。

275 只有以德治国的君主才有能力看清真相。命运盲目只是在昏庸无能或对自己最明显的利益视而不见的国君统治下才会有的现象；命运的不公也只是在缺乏公正和厌恶美德的暴君统治下才会有的事

情；命运只有在被迫服务于习惯恣意行事的暴君时才在其惠顾人的
过程中成为捉弄人的东西；总之，命运之所以变幻莫测，究其原因
是因为它被掌握在一些既不坚定，也没有一定之规的主人手中。简
而言之，人们把命运看作全能的上帝，认为它能主宰了不起的君主
和幅员辽阔的帝国；其实，命运不是别的东西，就是国王和命运掌
握在国王手中的人民的睿智或疯狂，公正或不公正：小普林尼说：
“诸神永远只爱那些对人类有爱心的国君。”天主只对管理不善的国
家发怒；命运只抛弃那些首领轻率行事，无能管理的民族；命运只
推翻那些根本不重视怎样使王位不被撼动而采取有效方法的暴君所
占据的王位。

因此，每个民族命运好与不好都取决于统治他们的人。**命运、** 276
机遇、天命这些词语在政治学里只表示君主的谨慎或轻率，经验或
无能，美德或恶习：许多决定命运的事件是结局圆满还是带来灾
难，都掌握在君主手里；他们是决定帝国繁荣或贫穷、强盛或衰落、
光荣或耻辱、强大或消亡的真正因素。然而，上天只惠恩于具有美
德的国君。

欺君罔上的朝臣也许是为了讨好暴君，也许是为了不让他意识
到自己的失职和放荡，狡猾地把国家的不幸归咎于国运。直言不讳
的人没能大声告诉他们：“正是你们不可饶恕的怠惰使国家日渐衰
落；正是你们无益的奢侈使人民陷入贫困；正是你们的敲诈勒索使
农业、商业和制造业都失去发展的信心；正是你们的不公正使战士
失去竞争的意识；正是你们的虚荣使你们的贵族身份受到损害；正 277
是你们对于真理的憎恨在扼杀人才；正是因为你们把荣誉和奖励给
予卑鄙无能的小人，真正有才能的人才离开了岗位；正是你们的挥

霍浪费耗尽了国库；正是你们的欲望和树立的榜样把腐败带入到公民的每个阶层。”

每个善于思考的君主只要愿意反省，就会发现造成社会灾难和社会普遍堕落的真正原因；他会在改造自己的同时改造宫廷。这样，高官显宦就会循道不违，就会在其余公民中马上推行改革，重建社会秩序。小普林尼说：“国君的生活最受人们的指责，我们需要的是榜样，不需要那么多敕令；奖励好人还是奖励坏人，就是提倡善举还是提倡恶行。”[①]

作为万人之上的君王，他的行为逃不过臣民的眼睛；他的一
278 举一动都会引起他们的注意，因为它影响到每个人的福祉。还如小普林尼所说，“作为所有人当中最高贵的人，就应该是所有人当中最优秀的人。”这并不是说一个伟大的国君要成为最优秀的人，就必须集所有知识和美德于一身；只要他公正，对善有着坚定不移的爱，迫使坏人弃恶从善，通过奖励、优待和关爱激励好人做更多有益于社会的事情，这就足够了。国王的恩泽不可过分地要求，它必须公正：只要它惠及的对象是为国家衷心尽职的人，它就永远是公正的。这样，每个正直善良的人都会成为君主的朋友和宠幸，君主就是最优秀的人，因为他的恩泽惠及所有臣服于他的人。

人们有时用羞辱性的语词来形容国君们的仁慈，是因为：他们对那些不加选择地挥霍国库收入和国家巨额财产的贪得无厌的朝臣有求必应；他们担心那些烦扰他们、使他们左右为难的卑鄙小人

---

① 拉丁语原文：Vita Principis censura est.—nec tam imperio nobis opus est,quum exemplo. 见小普林尼：《颂词与信札》（*Panégyric*），Pramia bonornm ma orumque bonos ac malos faciunt. 同上。

会心情不悦；他们害怕引起不满而允许一切恶习流弊继续存在。然而，这种必然带来不良后果的仁慈实际上是一种软弱，它并不是善 279
良，而是懦弱的表现。这种鼓励恶行，就是善对坏人；这种不公正行为，就是剥夺有功绩者应得的奖励，将其给予了无权获得的人。国王的慷慨只有在奖励或酬劳人们真正为祖国效力时才是一种美德，因为君主有责任偿还国家所欠的恩债并对人们的效力表达谢意。如果国君自认为有权将他依靠全体公民的辛劳所获得的财富聚集在少数人手中的话，那他就不是一个公正的君主；如果他怯懦地使自己成为一个财务主管，成为朝臣们的供给者，成为满足他们的贪婪但不受重视的一个工具的话，那就是自甘堕落。“拿别人的钱慷慨并不是慷慨，而是偷窃；慷慨并不是国王的美德，它是一种个人美德，因为作为个人只能给出属于他自己的东西。国王施恩之前，必须公正先行……，在赋税以外再向一些人征收御用金来施恩于另一些人，这是不公正的。”①

因此，君主作为奖励的受托人和管理者，只有公正地分配奖励 280
才配得上仁君的尊称。一个只对宠臣或左右朝臣好的国君，就是一个对其余公民很坏的国君；无耻的贪婪者会向他提出要求，享受人民的战利品，如果他愿意满足他们的贪欲，他很快就成为一个压迫者，一个暴君。高官与朝臣唆使国君无限地扩大他们的权力，目的只在于为了他们自身利益而镇压民众。专制主义的所有支持者，法律和基本人权的所有敌人，都力图使自己的主人享有至高无上的权力，目的只在于以他的名义来推行暴政，或利用他的单纯，在毫无

① 见《一个善良人的梦》(*Les Rêves d'un homme de bien*)，第10页和第85页。

防备的情况下把公民的生活所需吸收到他们自己手里。

阴险奸诈的参议者通常都是利用虚荣心这种狭隘的精神欲望来使国君进入他们卑鄙地设下的阴谋圈套：他们只向他谈及他的权
281 利、权力、权威这些人人都生来就希望看到扩张的东西；他们让他的荣耀体现在豪华的日常用品上，说这对于显赫的王权来说是非常必要的，它可以引起人民对王权的崇高尊敬；他们让他脱离一切重要的事务，说在这个世界上，做君王只是为了享受，为了寻欢作乐，事必躬亲不符合君王的身份，君王绝不应该做乏味的工作，应该把它们交给大臣和仆人来做；他们让君主相信臣民都是奴才，分散在社会各个领域为他的享乐而劳动，为他的一切爱好与兴致而献身。他们十分傲慢，在使君主变得冷酷无情后，鼓动君主让遭受鄙视的人民承担捐税；他们向君主隐瞒人民的疾苦，或厚颜无耻地说，应该让他们经受苦难，加重他们的负担，让他们生活在贫困之中，这样他们才能更加臣服于君主。如此被蒙骗的君主永远都既听不到人民痛苦的呻吟，也听不到让撒谎者们十分惧怕的真理的声音。为了欺骗国君，奴役百姓，人们疯狂地禁止思想、言论和创作自由；迫
282 使所有能够把国民的意愿带到御座前的人都保持沉默；处心积虑地不让他们有表现真才实学和高尚品德的机会，因为真才实学和高尚品德永远不按照暴君及其帮凶们的要求而唯命是从；只有那些沆瀣一气共同抵制公共利益、随时准备为给君主和国家造成严重损害的宠臣服务的卑鄙小人，才能被提升到重要的岗位，担任高官显职。为了巩固由暴君无能的大臣们摘取所有果实的专制政体，人们说服君主相信他的安全需要大量的军队，而这样的军队要由贫穷的人民来供养，因此，他们加重了人民的疾苦，使人民处于被奴役的地位，

直到被压迫他们的人彻底耗竭为止。遵循这种野蛮政治的原则，暴君最终惊讶地发现，他的国家丧失了活力，丧失了制造业，丧失了幸福：他所能引以为荣的只剩下统治居住着为数不多的没有道德的奴才的外省和城市，而这些外省和城市的奴才靠着从许许多多深陷厄运、丧失了勇气和道德的被奴役的人们那里掠夺来的财产而发家致富。

然而，这正是阴险的朝臣们用以毒害国君心灵的准则：他们让 283
国君追求独裁权力只是为了支配他和他的臣民。暴君就像是一个孩子，人们用玩具来刺激他的虚荣心，让他忘掉更具有实际意义的利益；他被把他神化的阿谀献媚者所蒙骗，通常，他只是他们级别最高的奴才而已；他受他们的道德原则引导，为了让他们高兴，他使自己成为国家的破坏者，毁掉了国家的荣誉、国力和风俗。国君对于绝对权力或专制主义这种权力欲望显示出他天赋的低下，通常，只有那些最无能的统领者才最强烈地寄希望于极权统治。

凡有道德、真正珍惜自己权力和荣誉的国君，都一定会避免采纳明显导致君主和国民走向毁灭的原则和准则。无数国家在专制主义蹂躏下疮痍满目，难以拯救，它们惊人的例子让他感到，对国民实行专制主义不是在统治他们，而是在毁灭他们。亚洲暴君们所经历的可怕的、此起彼伏的革命运动让他看到，如果独裁者把臣民仅
仅视为愚蠢的奴隶，对于奴役他们的人心存不满，但处之漠然，那 284
他将永无安宁之日。他认识到，暴君一刻都不能信赖围绕在周围的仆从们的忠诚，这些用来保卫他的“猛兽”通常都会变成最残忍的暗杀他的杀手。总之，凡听从理智而非谀辞的君主都会确信，要做到有尊严的统治和有安全的执政，作为国家元首，必须像身份低微

的公民一样服从于道德；他会认识到，一个好的国君是能够和愿意为自己人民谋幸福的国君，若利用权力伤害人民，既无荣耀，也无利益可言。对人民实行奴役，只适合于无能无德管理好国民的国君。

君主放弃允许自己不公正的权力，他的国家就会恢复公正和秩序；当国家元首本人不能随心所欲地行使专断权力的时候，他的榜样会让高官显宦们感到，他们不能为自己安排特权胡作非为而不受到惩处。在一位热爱公正的君王的影响下，大臣、朝臣、法官即所
285 有行使国君权力的人，都不得不公正行事；人们从此就会看到国家的一切疾病烟消云散。国君的公平正义犹如取之不尽用之不竭的源泉，一切美德会像泉水一样由此而涌现，社会会变得生气勃勃。公正将迫使每个公民无可指责地履行自己的职责。由于没有了作恶和苟且偷生，高尚的情操和高贵的品质会力求以慈悲、行善、温和以及感恩祖国给予的优待而受到赞誉。军人不再自以为有权骚扰和欺压他们的职责要求他们必须加以保护的公民。司法大臣将在强弱与贫富之间更坚定地主持公道，守正不阿。被唤醒的神父重新回到宗教赋予他的职责上来，会成为同胞们和平的天使，把和谐、宽容、和善所带来的今世或来世的福报当面交给他们；会以较日课更有
286 效的自身榜样教化他们，让他们懂得何为慈善、怜悯、宽恕和人间博爱的责任。富人会知道自己有义务施仁布德，帮助穷人，鼓励他们劳动，因为劳动是国家真正的财富和福祉。穷人在其卑微的一生中，只要摆脱压迫他们的桎梏，就会全身心地劳动，为全社会的幸福做出力所能及的贡献。

这种普遍存在的公平思想，人们在私生活中也会感受到它的存在。夫妻双方很容易认识到，公正要求他们必须相互表现出维系两

人亲密关系所必需的感情；父母要想得到孩子的尊敬和感激，就会领悟到孩子并不是自己幻想中的玩物，他们应该给予孩子温情、监管和照顾；家庭为了团结而有力量，就会加强亲情关系；主人由于明白了自己的需求，所以不再会把佣人视为奴才，会仁慈地对待他们，他们也会专心为主人服务，因为他们会在主人身上看到自己幸福的根源。

君主的公正甚至会影响到非他的法律所管辖的国家，它会给邻 287
国带来安宁和利益，这种安宁和利益永远离不开君主的公正。一个公正、温和、没有非正义扩张需求的国君会在周围各国人民中间产生信任、安全和尊敬。最好的政治是以正义和公正为基础的政治：若无害人之心，谈判即可轻松进行。

幼稚可鄙的虚荣心常常使地球上的统治者们彼此不和，有时甚至血雨腥风，相互杀戮。礼仪上的疏忽，礼节上的疏漏，席次排列的争执，不都成为足以动摇国王们伟大心灵的缘由吗？不都成为足以打破各国人民的安宁，震动世界的真实理由或原因吗？

贤明的君主可以在自己所管辖的国家征服人心，从而增强自己的实力，无需臣民付出流血流泪的代价。如果一个君主国家公民安居乐业，忠于国王，道德的纽带使他们团结一致，还有谁敢于攻击这个国家的君王呢？我们惊讶地发现，在专制主义和荒淫腐化已经安家落户的地方，爱国主义彻底销声匿迹，之所以出现这种现象，是因为人们的幸福随着自由和道德的消失而不复存在；是因为国家
只是一座让人讨厌的监狱，人民被当做奴隶来使用，祖国也已不复 288
存在；是因为君主和国家的命运对于一无所有不惧所失的穷人来说，已经成为无关紧要的事情；是因为国家的衰败对于那些堕落放

荡的人来说，只是微不足道的现象，因为他们只考虑眼前的享受，并不为悲哀的未来而忧愁。

真正的爱国主义只存在于那些公民享有自由、在公正法律的治理下生活幸福、团结一致、人人都力求不辜负同胞的尊敬和感情的国家。在专制主义专断的法律之下，任何人都既不可能享有自由，也不可能对自己的命运满意；要想出众，唯一的办法就是讨好暴君，丝毫不看重公众对自己的评价，因为这种评价不会带来任何好的结果，往往还会招来极大的猜疑和嫉妒。奥斯曼帝国的帕夏[①]们一旦使自己受到所管辖省份的爱戴，苏丹就会让人绞死他们。[②]

289 为什么我们今天惊奇地看到罗马人耗费巨资建起的那么多奇迹般的大型建筑呢？那是因为一心想获得自己同胞尊重和好评的历代国君、元老院议员和高官都一直把公益建设看作是一种职责。古罗马民风最纯朴、生活最贫困和道德风尚最好的时期，一个橡树叶花冠就足以奖赏一位挽救了一个公民生命的人。一个庆贺凯旋的小型典礼或隆重的凯旋仪式并没有使一位凯旋而归的将军变得富有，但满足了他的全部欲望。

每个具有精神活力的人都愿意成为同类中的佼佼者。国君可以成功地利用这一人性固有的欲望让人们专注于公益事业。在君主国家，勋章、官衔、绶带和常常微薄的抚恤金让许多人遐思迩想，甚

① 帕夏（Pacha），奥斯曼帝国授予各省总督的头衔。——译者

② 塔西佗（Tacite）告诉我们（见《编年史》，*Annal. Liv. Xiii. S.* 53），在尼禄（Néron）统治时期，有一个名叫安第斯提尤斯·维都斯（L. Antistius Vetus）的人，他在高卢地区做统领，他构想出一个有益的方案，通过一条运河把索恩河（Saone）和摩泽尔河（Moselle）连接起来，但他的一位朋友劝他什么都别做，害怕他因此事而成为被皇帝怀疑的人。

至在巨大的危险和死亡面前无所畏惧，国君为什么不以同样的办法激发人们崇高的公益欲望、报效国家的意愿和通过仁慈、勇敢与爱 290
国之举博得君主和同胞关注的雄心大志呢？把荣耀给予真正合乎道德的行为，这样可能会在所有高官和富人心目中激发起巨大的热情，这种热情要比常常刺激他们追求奢华从而使他们变得贫穷和被人鄙视的欲望更有利于祖国。能在领地内让自己家臣精神愉悦，充满活力，并给予他们关爱的贵族，绝不会被主宰他的君主所遗忘，他们难道不比那些身居闹市、寻花问柳、为了无数欺骗和鄙视他们的妓女而挥霍无度、在宫廷里奴性地焦急等待提升的无用的高官显宦更受到尊敬吗？

在高尚的标签放下身价转向公益的时候，如果更亲民的君主变得容易受到才能、功绩和美德的影响，如果他给予值得称赞的行为、重要的发明和真正有益于祖国的事业以崇高的荣誉，那么，由国君所赋予的这些令人敬仰的荣誉不就会激发出无限的力量吗？在君主政体下，如果人们以接近君主和得到君主赏识为最大的荣誉， 291
那么臣民之间不就会出现各种各样的竞争吗？

这样，国君作为永远的公论主导者，就能在不消耗国库的情况下迅速改变帝国的面貌，消除奢侈和虚荣，取而代之的是慈悲与仁爱，让国家到处充满公正，让真正的人才受到尊重，让美德受到尊敬。君主只有明智地利用统治力把总体利益和各阶层公民的个体利益结合在一起，才是真正伟大的、有能力的和不可战胜的。这时，国家只会变成团结的大家庭，家长会享受到他远大志向所希望得到的全部权力、辉煌和荣耀。这时，人们会看到政治与道德完美结合，共同为人类幸福发挥作用。

奥古斯特·路易，这就是一个伟大帝国期待你的关怀所能带给
它的恩泽，你初期的统治已经让人对帝国怀有美好的希望。你将才
智和正直汇聚在你的御座前，这就是对臣民的慰藉，就是告诫他们
292 要不负韶华。你无疑是真正优秀而高贵的国君，你将是在你的法制
下变得强大和自由的君主国的复兴者、立法者和国父。你是正义、
道德和真理的挚友，它们会相伴左右，杖履相从。一直以来，你的
人民听从君主召唤，忠实地以君主为榜样，他们一定会让君主以有
像他们这样的人民而感到荣幸，也一定会让你以有像他们这样的人
民而感到自豪。长期以来，你的先祖以征战沙场和赫赫功勋，以恢
宏的建筑和豪华的宫廷使自己名扬四海。你善良的心灵所期望的是
更伟大和更纯洁的荣誉，即擦干不幸者的眼泪、在和平中医治国家
创伤和树立良好的道德风尚以造福于民的荣誉。

啊，英勇的君主，继续如此崇高并与你身份相称的事业吧！用
你的威严和权威清除人们可能为你的蓝图设置的障碍；下决心消除
让人堕落的奢华；鄙视对于伟大的国王无用的荣誉；克服唯恐不能
事必躬亲的缺点；唯愿卑鄙的谄媚者不再出现在求实的国君的宫廷
里；给予你的人民以能指引他们在道德道路上永远幸福前行的法
律；唯愿和谐的、具有活力和精神文明的亲爱的祖国，在你稳健而
293 合乎道德的管理下成为应该受到尊敬的国家。这样，你将胜过你家
族的所有英雄：你会比那些常常两手沾满鲜血的军人更受到爱戴；
你会比那些讲究排场、修建被人赞扬的高楼大厦却让臣民不堪重负
的君主更受到钦佩；人们将歌颂你的统治，但不是歌颂你的统治获
得胜利，也不是歌颂你的统治具有艺术和光彩，而是歌颂你的统治
体现了法律、道德和人民的福祉。

译名对照表

abus 恶习，不正当行为

actions publiques 社会行为

administration 行政管理，政府

adultère 通奸，通奸罪

amour- propre 自爱

appas 诱惑力

arts d'agrément 消遣艺术

attelier public 国营工场

autorité (autorité publique) 官署

autorité divine 神权

autorité paternelle 父权

autorité souvraine 王权

avare 吝啬

banqueroute frauduleuse 欺诈破产

beaux-esprits 上流社会的人

belles lettres 纯文学

bras nerveux 权力

calomnie 诽谤

Canon de l'église 教规，教会法规

censure 处罚

chef de la nation 国家元首

colère 发怒

commerce de la vie 社会交际

communauté 职业团体

conformité 一致性

conseil des représentants de la nation 国民代表大会

constituant 制宪议会议员

contrée 地方，国家

coupe-gorge 危险场所

créancier 债权人

crédit public 国家信贷

député 国民议会议员

désoeuvré 游手好闲的人

despote 独裁者，暴君

despotisme 专制政府，独裁政治，专

制主义
dettes d'honneur 信用债
dispositions naturelles 天赋
Divinité 上帝
Droit canon 教会法
droit d'opprimer 压迫权
droits de la religion 宗教信仰权
Ecclésiastique 集会书经
économie politique 政治经济学
économie 经济，节俭，节约
éducation publique 国民教育
empire 帝国，统治权
entreprise périlleuse 冒险的举动
entreprise 企业，侵害
équité naturelle 自然衡平
équité 公平，公正
excès 放荡行为
faste 奢华
félicité 幸福，福运
fille de joie 妓女
fortune 优越地位，财产
fripon 贪婪的人，无赖，骗子
fruit de la terre 农产品
gazettes 报纸
gens de lettres 文人
gens de loi 司法人员
gentilhomme 贵族出身者
gentlemen 绅士
Gouvernement 政体
gouvernement 政府
grands (les) 高官，达官显宦
(les) grands 领主，达官显贵，名人，大人物
(les) grands maux 大恶
guerre de commerce 贸易战
hauts faits 丰功伟绩
hiérarchie paternelle 父权等级制度
homme de bien 善良人
homme de génie 天才人物
homme de lettres 文人
homme de qualité 贵族
homme de qualité 贵族
homme du peuple 老百姓
homme fait 成年人
hommme pervers 坏人
hôpital de refuges 收容所
idendité 同一性
industrie 工业；行业

ingratitude 忘恩负义
inique 极不公正的
Iniquité 极不公正的行为
Inquisition 宗教裁判所
insensé 失去理智的，不合情理的
intempérance 纵欲
intérêts forts 高利息
juge 审判官
jurande 结盟行会
jurisconsulte 法学家
jurisprudence criminelle 刑法原则
jurisprudence 判例，法律原则
jurisprudence 法理学
justice 公正，正义，司法机关
Le Pontife de Rome 教皇
Légions Romaines 罗马军团
législateur 立法者，立法机构
Législation céleste 天条
législation divine 神律
législation religieuse 宗教法规
législation 立法；法律
les ordres de l'Etat 国家的社会等级
lettre de noblesse 贵族身份授予状
liberté publique 基本人权
loi prohibitive 禁止法
lois civiles 民事法规
Lois fondamentales 基本原则
lois primitives 起始法则
lois religieuses 宗教法
lois spirituelles 教会法
Lois 权力，权威
lois 法律，法则，原则
loix morales 道德法则
loix morales 道德法则
loix pénales 刑法
loix somptuaires 限制奢侈法
lombard 典当行
loterie 彩票
magistrat 法官
magistrature（集）法官
maison de force 监狱
maison de travail 劳动就业服务局
maison religieuse 修道院
maître de la maison 家长
maître 主子，领导者，君主
mal contagieux 传染病
malfaiteur 罪犯
mariage précoce 早婚

maxime 道德原则，行为准则

membre du clergé 神职人员

mensonge 撒谎

métairie 收益分成制租地

militaire 军人

ministre des autels 教会神父

ministre 大臣；（宗教）神职人员

moeurs 习俗，风俗，风纪

Monarchie 君主政体，君主国

monarchie 君主政体；君主制国家

monarque 君王，君主

mont-de-piété 当铺

morale naturelle 自然道德

morale naturelle 自然道德

morale sociale 社会道德

morale universelle 普世道德

morale 道德

morale 道德；道德教育

nation 民族，国家

nations 国民

nature de l'homme 人类本性

noble 贵族

noblesse 贵族阶级，贵族身份

nouvelles publiques 社会新闻

opulence 富裕

palais 宅第，宫殿

parc 猎场

passion 情欲，情感，欲望，欲念

personne du sexe 女子，女孩

petites âmes 小人

politique 政治

Politique 政策

possession 财产

pouvoir illimité 绝对权力

praticien 讼师

précepte de la morale 道德训示

prêtre 神父

prince 国君

principe 原则，道德原则

principes honnêtes 高尚的道德情操

prison perpétuelle 终身监禁

privation de place 免职

privilège exclusif 专属特权

propriétaire opulent 富裕地主

propriété 所有权

province intérieur 内省

puissance absolu 绝对权力

qualité d'un Dieu 神性

qualités sociables 和善品德

question 拷问

raison 理性，情理

règles morales 道德准则

religion révélée 启示宗教

religion sociale 社会信仰

rendez-vous 约会，经常会聚的地方

rente viagère 终身年金

rentier 食利者

représentant national 国民代表

république des lettres 文学界

retraits 收回财产所有权

roi 君王，国王

satyre 羊人剧

savant 学者

sénateur 元老院议员

sénateur 参议员

servitude 地役权

souverain 君主

spéculateur 有思辨能力的人

substitutions 代替继承

sujet 臣民，国民

(un) supérieur 修道院院长

supplice 酷刑，死刑

taille 人头税

taxe des pauvres 济贫税

taxe 税

tempéraments 性格

terre 土地，地方，地区

titre 头衔；标志

trésor national 国库

tribunal 法院，法庭，（法院的）全体法官

tripot de jeu 赌场

Tyran 暴君，专制君主

tyran 残暴的人，暴徒

tyrannie 专制政体，专制政治，暴政

un courtisan 朝臣

utilité publique 公益

vengeance 复仇心理

vertu 品德，美德，德性

vertus divines 神授道德

vertus évangéliques 福音主义道德

vertus humaines 人文道德

vertus religieuses 宗教道德

Vicaire du Christ 教皇

vizir 大臣

voie oblique 歪门邪道

voleurs publics 国家强盗

图书在版编目(CIP)数据

道德政治:或建立在道德基础上的国家治理/(法)霍尔巴赫著;狄玉明译.—北京:商务印书馆,2024
(汉译世界学术名著丛书:120年纪念版:珍藏本:增订本)
ISBN 978-7-100-23680-5

Ⅰ.①道… Ⅱ.①霍…②狄… Ⅲ.①政治伦理学—研究 Ⅳ.①B82-051

中国国家版本馆CIP数据核字(2024)第076632号

汉译世界学术名著丛书
(120年纪念版·珍藏本·增订本)
道德政治
——或建立在道德基础上的国家治理
〔法〕霍尔巴赫 著
狄玉明 译

商务印书馆出版
(北京王府井大街36号 邮政编码100710)
商务印书馆发行
北京市十月印刷有限公司印刷
ISBN 978-7-100-23680-5

2024年5月第1版 开本 710×1000 1/16
2024年5月北京第1次印刷 印张 11¾
定价:62.00元